JN240013

即戦力への**一歩**シリーズ  01

化学物質管理

監修 **北野 大**
著 **長谷 恵美子・鈴木 康人**

化学工業日報社

シリーズ監修にあたって

　化学物質はその用途により、医薬、農薬、食品添加物、洗剤、溶剤、触媒などと呼ばれています。現代社会においてこれらの化学物質の果たしている大きな役割については誰もが認めることと思います。一方、残念なことに過去には化学物質の性状をきちんと理解しない不適切な使用により、油症事件などに見られる人の健康への影響や、有機塩素系農薬による環境生物への悪影響があったことも事実です。

　化学物質は「諸刃の剣」でもあり、その有用性を最大に発揮しつつ、負の影響を最小にするための叡智が私たちに求められています。そのためには化学物質の開発、製造、輸送、使用及び廃棄に関わる全ての関係者が化学物質の持つ有害・危険性などをきちんと理解するだけでなく、関連する法的規制についても知っておく必要があります。

　正直に言えば、上記に述べた理解や知識の獲得は必ずしも容易ではありません。そこで、本シリーズは、新入社員や転勤・異動で初めて化学物質管理に関連する業務に就いた人などを対象にし、正確さと一定のレベルを保ちつつ、とにかく理解しやすい書籍シリーズとして企画されました。

　本シリーズは化学物質の開発、製造、輸送、使用及び廃棄に至るライフサイクル全体を通した安全性を国内外の面からカバーします。

　化学物質の安全性に係る人ばかりでなく、本書により多くの人が化学物質の安全性を理解し、化学物質がより有効に使用され、現代社会でさらに大きな役割を果たすことを期待しています。

秋草学園短期大学学長（淑徳大学名誉教授）　北野　大

は じ め に

2020年、世界は化学物質管理の節目の年を迎える。化学物質管理の重要性が国際的に認識されてから各国が互いに目指してきた共通の目標である“WSSD2020年目標”の達成期限である。化学物質には、適切な管理がなされないと人の健康や環境に悪影響を及ぼすもの、またはその恐れのあるものが存在するが、適切に管理すれば、その有用性が発揮され、社会課題を解決する等の恩恵をもたらす。この共通認識のもと、首脳レベルで合意された国際的な化学物質管理のための戦略的アプローチ“SAICM（2020年までに化学物質が人の健康や環境への悪影響を最小限とする方法で生産・使用されることを達成する）”は、国による差異はあるものの、各国がそれぞれのやりかた・レベルで達成 してきた。とはいえ全体的には未達に終わると見込まれている。2015年に掲げられた“2030年に向けた持続可能な開発目標（SDGs）”の第12章には「責任ある消費と生産」として、化学物質管理において残されている課題のほか、化学物質を管理する事業者の意識の強化がますます求められている旨が記載されている。

こうした流れの起点となるのは1992年で、地球サミットにおいてアジェンダ21が採択され初めて国際的に化学物質管理の重要性が認識された。その後2002年のWSSDヨハネスブルグ・サミットにおいて2020年目標が掲げられ、SAICMとして具体的な実現を目指してきた。約30年で世界の化学品管理と政策は大きく変わってきた。先進国に限らず途上国でも化学品管理に資源が向けられつつあるほか、環境汚染等への事後対策から、化学品管理による事前監視・予防的取り組みへと方針が転換されつつある。世界で初めて新規化学物質の事前審査制度を導入した日本の化学物質審査規制法も、化学物質による事故を発端に制定されて以来、

国際的な調和と化学産業の発展を考慮して数回の改正が行われ、有害性の高い物質を規制するだけでなく、すべての物質をリスクベースで管理する方向へと転換が進められている。

化学品の事業者はその上市国で製品の安全性を保証することが求められるが、特にグローバルにビジネスを展開する場合には、それぞれの上市国における規制を理解したうえで、それぞれに応じた法対応及び上市戦略が求められる。また今後、化学品の国際的流通がますます拡大し、いずれの国においても化学物質が市民生活の様々な局面に広範に使用されるようになることを考えると、それぞれの国における化学物質管理体系には、国際的に調和した管理手法及び客観的かつ透明性のある運用が求められる。

化学物質管理の最終目標は何か。それは安全・安心な社会を構築しそれを持続的に発展させていくことである。そのためには何が必要か。科学技術と社会経済性を考慮した行政による規制と、事業者によるその遵守および自主的な管理である。そして何よりも安心を確保するために利害関係者が化学物質管理のそれぞれのステージに携わり、双方向の信頼を築いていくことが求められる。それは原料調達を通じて、製品を通じて、また地域社会という場を通じて、サプライヤー、ユーザー・消費者、地域住民の関心事を共有し互いにより良い仕組みを構築していくことであり、広義の化学物質管理といっても過言ではない。

本書が化学物質に携わるそれぞれの読者にとって基礎を学ぶ一助となることを期待する。

2019年8月

花王株式会社　長谷恵美子・鈴木康人

目　　次

コラム

第 1 章

化学物質管理の
必要性と歴史

私たち人間は実に様々なものを作り出し、消費してきた。より豊かで、より便利な方向へ、科学技術と産業は飛躍的に発展し、生活に役立つ多種多様な製品が生み出され、文化的な暮らしに大いに貢献している。その一方で、それら製品の生産、使用、廃棄の過程における地球環境への影響が問題化し、作る側にも、使う側にも、安全性への配慮、注意がより一層必要になってきている。豊かな生活と明るい社会を創造するために開発された「製品」であっても、その原料調達〜廃棄の過程で環境や安全を害するようでは、その製品が本当に暮らしに役立つとは言えない。製品が環境と安全に十分に配慮したものであること、それは企業がその社会的使命として遵守しなければならないことでもある。

　様々な商品の安全性・環境適合性を守り、国民の安心な暮らしを実現するためには、化学物質のライフサイクル全体（製造・輸入、流通、製品の使用、リサイクル、廃棄）にわたるリスクの評価と管理が必要である。材料としての化学物質をはじめ、食品も医薬品も化粧品も家庭用製品も、市場に提供されている多くの商品は、いろいろな法律による規制と、メーカーの自主管理によって、その安全性・環境適合性が担保されている。メーカーが商品を企画設計する際には、当然これらの法律そのものをよく理解し、遵守する必要がある。ただし法令・法規の意味や役割は、世の中の変化に伴い変わってくる。日本では従来、官の主導により定められた法令・法規と様々な規制により業界秩序を保つことが当然とされてきたが、近年では法令や規制で厳格に取り締まるのではなく、各企業に責任をゆだね、表現や活動をある

程度自由とする方向に変化しつつある。また一方で、日本国内だけの常識や慣例によりかかるのではなく、国際的に適用されているグローバル基準に適合していこうとする動きもある。

　2002年に開催された、持続可能な開発に関する世界首脳会議 (WSSD) で採択された実施計画書において、化学物質管理に関して2020年までに達成すべき目標が盛り込まれた (WSSD 2020年目標。詳細は後述)。化学物質による環境リスクを最小化するためには、環境効率性の向上 (安全かつ効率的な製造等) に加え、環境負荷の低減が必要である。化学物質の適正な利用の推進を図ること、廃棄・再生利用時の適正処理とそのための適正な情報伝達等に取り組むことは化学産業界の使命であり、また経営に直結する課題でもある。

　ここではまず、化学物質管理の歴史を概説する。次章以降で、化学物質に関わる企業が化学物質管理に関して遵守すべき条約、法令等の概要を紹介する (化学物質管理に関する国際条約 [第2章]、化学物質の有害性、危険性、危機管理に関する日本の化学品法令 [第3章]、化学物質の有害性に関する海外の化学品法令 [第4章])。なお各論 (詳細) については本シリーズ《即戦力への一歩シリーズ》の後続巻を参考にされたい。

● 化学物質管理の歴史 (20世紀後半から) ●

　日本では戦後の高度経済成長期に重化学工業が目覚ましく発達し経済大国へと発展を遂げたが、その成長の裏で、水俣病、新潟水俣病*、イタイイタイ病、四日市ぜんそくの四大公害病

---

*　阿賀野川有機水銀中毒ともいう。

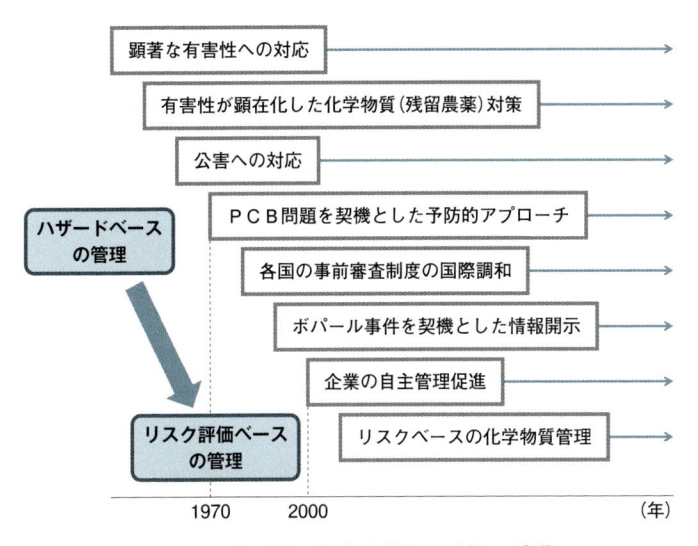

図1-1　我が国の化学物質管理政策の系譜

経済産業省資料(2009年)　http://www.meti.go.jp/policy/chemical_management/law/information/seminar09/pdf/01.pdf をもとに作成。

をはじめとする多くの公害が発生した。これら公害の発生を受けて1967年に制定された公害対策基本法は、生活環境の保全を目的に環境基準の必要性を明確にし、汚染者負担の原則を定めた。1971年には環境庁が発足し、環境行政が強化され、企業の化学物質管理を牽引してきた。日本の化学物質管理政策の系譜を**図1-1**に示す。

　他方、海外でもイタリア・セベソの農薬工場爆発事故(1976年)によるダイオキシン被害や、インド・ボパールでは農薬製造工場の爆発(1984年)により50万人を超える負傷者が出るなど、歴史に大きく残る甚大な災害が、不充分な化学物質管理の

> **地球サミット（1992年）**
> ・アジェンダ21の取りまとめ
> ・第19章「有害化学物質の環境上適正な管理」

アジェンダ21の見直し
新たな課題への対応

> **持続可能な開発に関する世界首脳会議（2002年）**
> ・ハザードベース管理からリスクベース管理へ
> ・WSSD2020年目標の策定
>
> ・ロッテルダム条約の発効（2003年までに）
> ・ストックホルム条約の発効（2004年までに）
> ・SAICMの策定（2005年までに）
> ・GHSの実施促進（2008年までに）
> ・化学物質・有害廃棄物の適正管理
> ・有害化学物質と有害廃棄物の国際的不法取引等の防止
> ・PRTR制度のような統合された情報の取得促進
> ・重金属によるリスクの軽減促進
> ・ヨハネスブルグ実施計画の採択

図1-2　化学物質管理を取り巻く世界的な動きのきっかけ

経済産業省資料（2016年）　http://www.nite.go.jp/data/000010341.pdf をもとに作成。

ために引き起こされてきた。

　化学物質管理の重要性が首脳レベルで認識されたのは1992年の地球サミットにおいてであり、その10年後の2002年には、持続可能な開発に関する世界首脳会議（WSSD）において、国際的な化学物質管理に取り組むことが首脳レベルで合意された（**図1-2**）。

　具体的には、1992年の地球サミットで作成された「アジェンダ21」の第19章で初めて「有害化学物質の環境上適正な管理」が取り上げられ、2002年のWSSDで合意されたWSSD2020年目標において次のような目標が掲げられた。

> *"by 2020, that chemicals are used and produced in ways that lead to the minimization of significant adverse effects on human health and the environment, using transparent science – based risk assessment procedures and science – based risk management procedures, taking into account the precautionary approach."*
>
> （予防的取組方法に留意しつつ、透明性のある科学的根拠に基づくリスク評価手順と科学的根拠に基づくリスク管理手順を用いて、化学物質が、ヒトの健康と環境にもたらす著しい悪影響を最小化する方法で使用、生産されることを2020年までに達成することを目指す。）

　この一文はこの10年間、産業界でも規制当局間でも化学物質管理の枕詞のように用いられている。

　2002年の国連環境計画（UNEP）管理理事会においては国際的な化学物質管理のための積極的なアプローチ（SAICM。

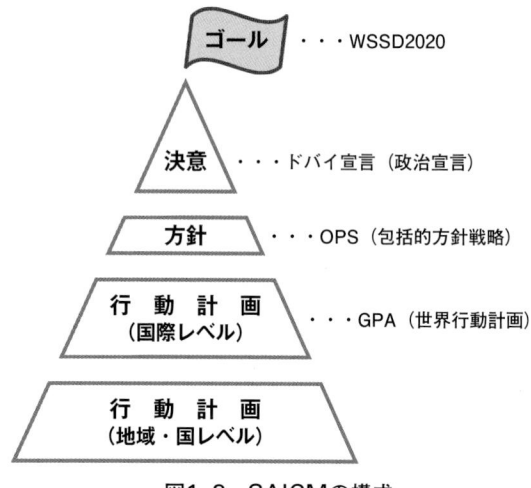

図1-3　SAICMの構成

OPS：SAICM の対象範囲、目的、原則、アプローチ。
GPA：SAICM の目的を達成するためのガイダンス（273項目）。

図1-3）が必要であると決議され、2005年末までにSAICMを取りまとめることが決定された。その後、地域会合等、政府及び関係者の意見交換会を経て、2006年2月の国際化学物質管理会議（ICCM）においてSAICMがとりまとめられ、UNEPにおいて承認された。

　SAICM採択後、4回のICCMと地域会合、地域間会合を通じて各地域・各国がWSSD2020目標の進捗を共有してきた。2020年を目前に控えた今（2019年春）、SAICM/WSSD2020目標の達成度合いが各国・各地域から報告（Progress Report）されている。一定の成果が見られるものの、見えてきたのは、"WSSD2020目標は世界レベルでは未達"、"達成を加速化す

るためにはステークホルダーの連携が必要”“SAICMの有効性評価を実施するメカニズムがない”“新規政策課題（EPIs）には多くの課題が残っている”という厳しい結果である。

　他方、2020年以降の化学物質管理の在り方についても議論は進められている。欧州を中心とする先進国では2020年以降の取組みについて「SAICMの義務化」、すなわちリスクを最小化する方法の製造・使用を義務化する案が浮上しており、途上国を含む地域ではそれに対する議論が紛糾しているところである。

　また2015年には、2030年に向けた持続可能な開発目標（SDGs）が国連サミットで採択され、社会・経済・環境面における「持続可能な開発」を目指す、先進国も途上国も含めた国際社会共通の目標として掲げられている。SDGsにおいては、先進国のみならず途上国の積極的な参加が2030年に向けた持続可能な社会の発展に不可欠であること、また化学物質管理においては「化学物質」だけではなく「廃棄物」も重要なテーマとなることが首脳レベルで合意されている。

　日本では2016年に、SDGsに係る施策の実施について関係行政機関相互の緊密な連携を図り、総合的かつ効果的に推進するため、全国務大臣を構成員とする「持続可能な開発目標（SDGs）推進本部」を内閣府に設置している。SDGsの達成に向けた取組みを広範な関係者が協力して推進していくため、行政、NGO、NPO、有識者、民間セクター、国際機関、各種団体等の関係者が集まり意見交換を行う「持続可能な開発目標（SDGs）推進円卓会議」が、SDGs 推進本部の下に設置された。

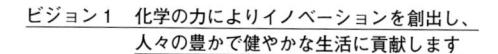

日本の化学産業の強み

革新的な技術と製品
（Innovation）

環境等の問題解決力
（Solution）

強みを生かして進化

課題対応型産業（Reactive）から産業の先導役（Proactive）へ
責任（Responsibility）から貢献（Contribution）へ

ビジョン1　化学の力によりイノベーションを創出し、
　　　　　　人々の豊かで健やかな生活に貢献します

ビジョン2　世界的な環境・安全問題への取り組みを支援します

ビジョン3　ステークホルダーとの対話を通じて、
　　　　　　化学産業による貢献を促進します

図1-4　持続可能な開発に向けての化学産業のビジョン

日本化学工業協会資料(2017年)　https://www.nikkakyo.org/system/files/sdgs_
Release2017.pdfをもとに作成。

　日本化学工業協会は2017年に、日本の化学産業がSDGsの
達成に取り組むにあたり、各企業が事業活動（イノベーションや
海外展開等）と社会的責任を担う基盤活動（RC*1やCSR*2等）を経

---

*1　Responsible Care。化学物質を扱うそれぞれの企業が化学物質の開発から製
　　造、物流、使用、最終消費を経て廃棄・リサイクルに至るすべての過程にお
　　いて、自主的に「環境・安全・健康」を確保し、活動の成果を公表し社会との
　　対話・コミュニケーションを行う活動（日本化学工業協会：https://www.nikkakyo.
　　org/organizations/jrcc/kijyun/pdf/13-9s.pdf）。
*2　Corporate Social Responsibility。企業が社会や環境と共存し、持続可能な成
　　長を図るため、その活動の影響について責任をとる企業行動であり、企業を
　　取り巻く様々なステークホルダーからの信頼を得るための企業のあり方（経済
　　産業省：http://www.meti.go.jp/policy/economy/keiei_innovation/kigyoukaikei/）。

重点戦略④：健康で心豊かな暮らしの実現

●ライフスタイルのイノベーションを創出し、環境にやさしく、健康で質の高いライフスタイル・ワークスタイルへの転換を図る。
●森・里・川・海などの自然の価値を再認識し、人と自然、人と人のつながりを再構築する。
●人々の健康と心豊かな暮らしを脅かす環境リスクを評価し、予防的取組を推進する。

（1）環境にやさしく健康で質の高い生活への転換

○持続可能なライフスタイルと消費への転換　　○食品ロスの削減
○低炭素で健康な住まい　○徒歩・自転車移動等による健康寿命の延伸
○テレワークなど働き方改革等の推進

（2）森・里・川・海とつながるライフスタイルの変革

○自然体験活動、農山漁村体験等の推進
○森・里・川・海の管理に貢献する地方移住、二地域居住等の促進
○新たな木材需要の創出及び消費者等の理解の醸成の推進

（3）安全・安心な暮らしの基盤となる良好な生活環境の保全

○健全で豊かな水環境の維持・回復　　○国内外の総合的な対策等
○廃棄物の適正処理の推進
○化学物質のライフサイクル全体での包括的管理
○マイクロプラスチックを含む海洋ごみ対策の推進
○ヒートアイランド対策

図1-5　第５次環境基本計画（概要）における重点戦略④

環境省資料（2018年）　http://www.env.go.jp/press/files/jp/108501.pdfをもとに作成。

営面で統合し、「あらゆる産業の先導役」として、SDGsに貢献するためのビジョンを設定した（**図1-4**）。このビジョンは今後、日本の化学産業界にとって2030年に向けた1つの大きな柱になると見込まれる。

　なお日本では2018年に第５次環境基本計画が合意に至り、

６つの重点戦略が掲げられた。重点戦略④「健康で心豊かな暮らしの実現」の中には、「化学物質のライフサイクル全体での包括的管理」が含まれている（**図1-5**）。

第２章以降では、化学物質管理に関する法令を紹介する（**表1-1**）。法令を守ることは最低限の義務で、法令でカバーされない（担保されない）部分は企業の自主的な取組みにより環境と安全を守ることが求められる。とはいえ、やはり法令を正しく

表1-1　本書で紹介する日本の主な法令

	法令名（略称）	担当省名	概　要
環境経由人健康・環境	化学物質審査規制法	厚生労働省、経済産業省、環境省	新規化学物質の製造・輸入前届出、申出、登録、危険有害性情報の提供、既存化学物質のリスク評価等
	化学物質排出把握管理促進法	経済産業省、環境省	対象化学物質の表示、SDS提供、排出量・移動量の届出等
	農薬取締法	農林水産省、環境省	新規農薬の登録、SDSとラベルの表示等
	肥料取締法	農林水産省	新規肥料の登録、SDSの提供等
労働環境	労働安全衛生法	厚生労働省	化学物質の製造・輸入前届出、ラベル及びSDSによる危険有害性の通知、リスク評価等
消費者	有害家庭用品規制法	厚生労働省	上市前製品の検査、審査、監視、回収、品質管理等
	家庭用品品質表示法	厚生労働省	分類と表示
その他	毒物劇物取締法（毒劇法）	厚生労働省	毒物、劇物の登録、容器包装表示、SDS、取扱注意等
	航空安全法	国土交通省	危険物を輸送する際にIMDGコードの適用及びSDSとラベル表示等
危険性、危険管理	高圧ガス保安法	経済産業省	表示とプラント等の安全基準遵守
	消防法	総務省	消防法分類、プラント等の安全基準遵守、表示
	火薬取締法	経済産業省	火薬類の分類、登録、容器包装、表示等

理解し、当然のこととして遵守していくことが第一優先である。本書の内容が、各企業における法令遵守の参考になることを期待する。

曝露 / 有害性		労働環境		消費者				環境経由		排出・ストック汚染			廃棄	防衛
人の健康への影響	急性毒性	毒　劇　法						化学物質排出把握管理促進法						化学兵器禁止法
	長期毒性	労働安全衛生法	農薬取締法	農薬取締法	食品衛生法	医薬品医療機器等法	有害家庭用品規制法	建築基準法	農薬取締法	化学物質審査規制法	大気汚染防止法	水質汚濁防止法	土壌汚染対策法	廃棄物処理法等
環境への影響	動植物への影響													
	オゾン層破壊性								オゾン層保護法					

図1-6　日本における化学品管理に係わる主な法規制体系

経済産業省資料(2012年)　https://www.mhlw.go.jp/stf/shingi/2r98520000029gfd-att/2r98520000029gjs.pdfをもとに作成。

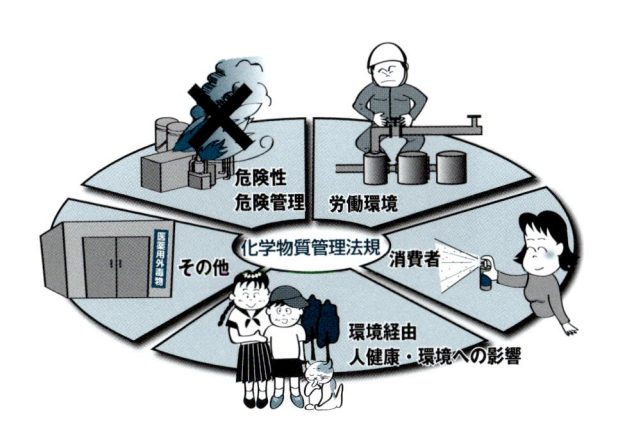

コラム ❯ 化学産業の規模

◆世界の化学産業の年間売上は今後も増加見込み

　OECD報告書（2019）によると1998年の売り上げは2060年に10倍になると予想され今後も化学産業は重要な産業といえる。

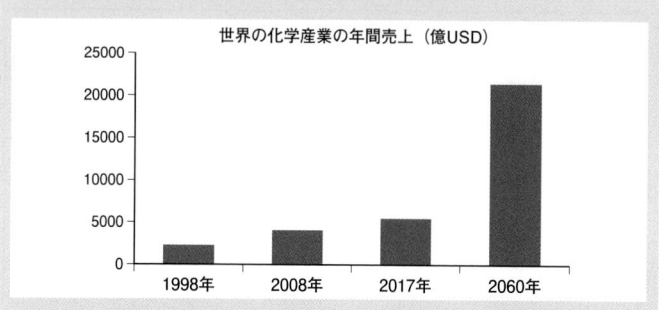

OECD報告書（2019）　http://www.oecd.org/env/ehs/testing/work-on-chemical-safety-and-biosafety.pdfをもとに作成。

◆日本の化学産業は世界第3位

　日本の化学工業の出荷額は中国、米国に次いで第3位。今後も伸びしろのある重要な産業といえる（日本化学工業協会　2019）。

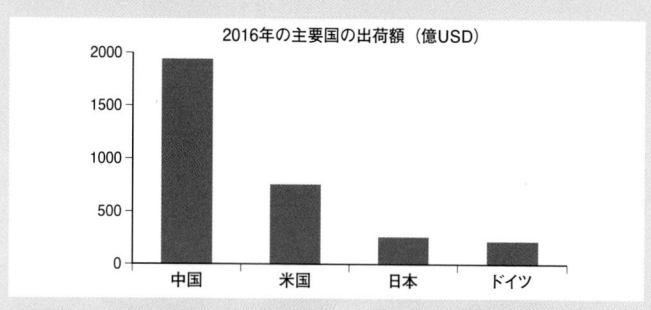

日本化学工業協会資料（2019）　https://www.nikkakyo.org/system/files/graph_2018J.pdf.pdfをもとに作成。

第 2 章

化学物質管理に関する国際条約

　有害な化学物質や廃棄物を規制・管理するための国際的な枠組みとして、ストックホルム条約、ロッテルダム条約、バーゼル条約等が挙げられる。いずれも1992年の地球サミットで採択されたアジェンダ21（有害化学物質を国際的に適正管理することの必要性を提言）を受けて条約化されたものである。

　有害な化学物質や廃棄物を規制・管理し、これらが環境・人の健康に与える影響を防ぐという共通の目的を有しており、相互に連携した取組みを実施している。以前はそれぞれの条約の下、締約国会議が個別に定期的に開催されていたが、近年は合同で開催されている。条約ごとに技術的な議題や運用上の課題等が議論されるほか、三条約で共通する課題に対しては、技術協力や条約間の連携強化による効率的な対策が進められている。以下の表に各条約の概要をまとめる。

　なお2013年に採択された水銀に関する水俣条約も化学物質に関する重要な取り決めであり、2017年に発効要件の50以上の国で締結され同年に発効した。

ストックホルム条約の概要

目　的	残留性有機汚染物質（POPs[*1]）の製造や使用を制限
条約名（正式）	Stockholm Convention on the Persistent Organic Pollutants ； 残留性有機汚染物質に関するストックホルム条約
制定時期	採択：2001年 発効：2004年
規制物質リスト	附属書A：製造・使用、輸出入の原則禁止 附属書B：製造・使用、輸出入の制限 附属書C：非意図的生成物の削減/廃絶
規制対象物質の性状	毒性、難分解性、生物蓄積性、長距離移動性
加盟国の主な義務	・製造・使用、輸出入の原則禁止（附属書A） ・製造・使用、輸出入の制限（附属書B） ・新規POPsの製造・使用防止のための措置 ・非意図的生成物（附属書C）の排出の削減及び廃絶 ・ストックパイル、廃棄物の適正処理（汚染土壌の適切な浄化を含む） ・PCB含有機器については、2025年までに使用の廃絶、2028年までに廃液、機器の処理（努力義務） ・適用除外（試験研究、使用中の製品、国別適用除外）
加盟国数 （2019年5月）	182
日本国内の関係法令	化学物質審査規制法、農薬取締法、医薬品医療機器等法、外国為替及び外国貿易法
制定のきっかけとなった出来事	1980年代後半、カナダ人女性の母乳中の微量成分調査において、極北地域にあるはずのないPCBがイヌイット女性から検出された。その濃度は南部カナダ人女性よりもはるかに高いものだった[*2]

＊1　Persistent Organic Pollutants。
＊2　Dewailly E., Nantal A., Webber J. and Meyer F. (1989) High levels of PCBs in breast milk of Inuit women from arctic Quebec. Bulletin of Environmental Contamination and Toxicology, 43: 641-646.

ロッテルダム条約の概要

目 的	有害化学物質と駆除剤の貿易を制限（輸入国側の事前同意を必要とする等）
条約名（正式）	The Rotterdam Convention on the Prior Informed Consent Procedure for Certain Hazardous Chemicals and Pesticides in International Trade（PIC）； 国際貿易の対象となる特定の有害な化学物質及び駆除剤についての事前かつ情報に基づく同意の手続きに関する条約
制定時期	採択：1998年 発効：2004年
規制物質リスト	付属書Ⅲ：43物質群
規制対象物質の性状	駆除剤、工業化学物質等のうち、危険有害性に関する情報が乏しい国へ輸出することによってその国の人の健康や環境への悪影響が生じる可能性のある物質
加盟国の主な義務	・輸出国は特定の有害化学物質の輸出に先立ち、輸入国政府の輸入意思を確認したうえで輸出を行う
加盟国数 （2019年5月）	161
日本国内の関係法令	輸出貿易管理令、化学物質審査規制法、労働安全衛生法、毒物及び劇物取締法、農薬取締法
制定のきっかけとなった出来事	先進国では廃絶された化学物質が途上国で使用され、現地における深刻な環境汚染や健康被害が多発した

バーゼル条約の概要

目　的	有害廃棄物の国境を越える移動及びその処分を規制
条約名（正式）	Basel Convention on the Control of Transboundary Movements of Hazardous Wastes and Their Disposal；有害廃棄物の国境を越える移動及びその処分の規制に関するバーゼル条約
制定時期	採択：1989年 発効：1992年
規制物質リスト	附属書Ⅰ：分類 附属書Ⅱ：有害特性 附属書Ⅷ：規制対象例示*1 附属書Ⅸ：規制非対象例示*2
規制対象物質の性状	国際連合勧告に規定する分類制度に対応した14区分の有害特性：爆発性、引火性、可燃性、急性毒性、腐食性、慢性毒性、生態毒性等
加盟国の主な義務	・輸出国は有害廃棄物等の輸出に先立ち、輸入国・通過国政府へ事前に通告し、同意を取得する ・非締約国との有害廃棄物の輸出入を禁止 ・不法取引が行われた場合等には輸出者が再輸入を行う義務 ・規制対象となる廃棄物の移動に関する移動書類の携帯義務
加盟国数（2019年5月）	187
日本国内の関係法令	バーゼル法（特定有害廃棄物等の輸出入等の規制に関する法律）

＊1　鉛蓄電池、廃駆除剤、めっき汚泥、廃石綿等。
＊2　鉄屑、貴金属の屑、固形プラスチック屑、紙屑、繊維屑、ゴム屑等。

　国際条約ではないが各国に大きな影響を及ぼしたEU規制として、RoHS指令とWEEE指令がある。

◆RoHS：Restriction on Hazardous Substances

　電子・電気機器における特定有害物質の使用制限についての欧州連合(EU)による指令のこと。

　RoHS（ローズ）という言葉を読者の皆さんも一度は聞いたことがあるかもしれない。様々な電子・電気機器に含まれる物質の含有を制限する欧州発の法規制である。この規制をきっかけとして、機器を製造・販売する川下メーカーから、その機器に含まれる化学品を製造・配合する川上メーカーまで、サプライチェーンを通じた情報共有が一段と強化されるようになった。

　2003年に欧州で公布されたRoHSでは、2019年4月現在、10物質（群）について、含有基準値と含有を制限される製品が、その適用期限とともに定められている。例えば鉛は最大許容濃度が0.1wt%（材質当たりの濃度）と決められており、対象製品には冷蔵庫や洗濯機等の大型家庭用電気製品、パソコンや電話等の情報技術・電気通信機器、照明器具や電子工具等が指定されている。

　制定の背景には、埋め立て場や焼却場から漏れ出た鉛等による汚染が問題になっていたことが挙げられる。EU各国で廃電気・電子機器の約90％が前処理を経ずに埋め立てられたり焼却されたりしていたのである。RoHS指令の施行により、サプライチェーン全体で化学物質情報が共有されることになった。影響は各国に広がり、中国、韓国、タイ、インドなど世界中でこの指令をモデルにした有害物質規制が始まるきっかけともなった。日本でも本格的な化学物質の情報伝達のための仕組みが作られるきっかけとなった。

特にハザードの高い物質については、その含有だけでなく、製造・輸入・使用が国際条約等において制限されている（ストックホルム条約、バーゼル条約、ロッテルダム条約、水俣条約）。

RoHSで規制している物質は、機器への含有がどうしても避けられないものが多い。例えば鉛は材料の切削性を良くするために意図的に添加されるものであるし、カドミウムは亜鉛の採掘時に不純物として混入する。クロムも、クロムめっきされた機械を用いた加工処理時に混入してしまうこともある。RoHS指令では意図的な添加と不純物の区別をせずに規制しているが、サプライチェーンにおける情報伝達では、意図的な添加の場合には情報開示を必須とし、非意図的な混入の場合であっても何らかの手がかりから知り得た情報については開示することが推奨される。

◆WEEE：Waste Electrical and Electronic Equipment

電子・電気機器廃棄物に関する欧州連合（EU）による指令のこと。

RoHS指令施行の2年後（2005年）に施行された欧州指令で、特定の機器に含まれる有害化学物質の廃棄を制限する。対象機器等を廃棄する際の分別回収を義務付け、製造者責任がより一層強化されている。

目的は以下の3つ。

1. 電子・電気機器廃棄物の発生を減らすこと
2. 廃棄物の処分を減らすために、回収並びに再使用、リサイクル及び再生利用を行うこと
3. 電子・電気機器の製造から処分までの全過程に関わる製造事業者、流通事業者及び消費者が環境面の行動を改善すること

第 3 章

化学物質の有害性に関する日本の化学品法令

3-1 環境経由

a. 化学物質審査規制法

一言でいうと

日本国内で使用される化学物質が一旦環境に排出された後、河川や底質に生息する環境生物が曝露されたり、魚介類等を通して化学物質が人体へ摂取されたりする際の悪影響を防ぐための法令

法令名	化学物質の審査及び製造等の規制に関する法律
仮英名	Act on the Evaluation of Chemical Substances and Regulation of Their Manufacture,etc. もしくは Law Concerning the Examination and Regulation of Manufacture, etc of Chemical Substances
略 称	化学物質審査規制法、化審法 (かしんほう)、CSCL
制定日	1973 (昭和48) 年10月16日公布 (法律第117号) 1974年4月16日施行
所管当局	経済産業省、厚生労働省、環境省*
目 的	ヒトの健康を損なう恐れ、又は動植物の生息・生育に支障を及ぼす恐れがある化学物質による環境

*1999年までは通商産業省と厚生省。環境省は1999年から所管当局として参画。

の汚染を防止する。

● 改正の歴史 ●

1986年改正：　PCB等、従来の特定化学物質（難分解性、高濃縮性で、継続して摂取すると毒性が発現）に加え、難分解性、低濃縮性だが、同様に継続して摂取される場合に毒性を発現する物質も規制対象に追加。

2003年改正：

①環境中の動植物への影響に着目した審査・規制制度を導入

②難分解性・高蓄積性の既存化学物質を第一種監視化学物質に別途指定（改正前は難分解性・高蓄積性であっても毒性が不明であれば規制無し）

③環境への放出可能性に着目した審査制度の導入（欧米では、環境に放出する可能性の有無を考慮したリスクベースによる新規化学物質の事前審査が柔軟に行われていた）

④事業者が入手した有害性情報の報告を義務化（国による既存化学物質のリスク評価を加速するための情報提供を促進）

2009年改正：

①一定数量以上の化学物質の製造・輸入を行った事業者に対し、既存物質を含むすべての化学物質の製造・輸入数量や用途の届出を義務化。スクリーニング評価の結果に基づいて優先評価化学物質に指定し、詳細情報の報告を要求

②ストックホルム条約との整合性を図るため、製造・輸入が禁止される特定化学物質について、限定された用途の規制を免除できる制度を追加（エッセンシャルユース）

③従来の難分解性化学物質に加え、環境中で分解しやすい化学物質も対象に追加

2017年改正：

①新規化学物質の審査特例制度における全国数量上限制度の見直し（少量新規：個社の製造・輸入量上限［1t/y］は変わらないが、全国の数量上限を製造・輸入量合計1t/yから環境排出量1t/yへ。低生産量新規：個社上限［10t/y］は変わらないが、全国の数量上限を製造・輸入10t/yから環境排出量10t/yへ）

②毒性が強い新規化学物質の管理の見直し（有害性は高いが環境排出が小さく優先評価化学物質には指定されない物質を、特定新規化学物質に指定）

● 義 務 ●

新規化学物質の事前審査

　日本で初めて製造・輸入する化学物質について、数量と用途に応じた届出・確認制度に基づき、製造者もしくは輸入者等が事前に所管当局に届出を行い必要に応じて確認を得る。

上市後の化学物質の継続的な管理措置

　国内での製造・輸入が認められた化学物質について、①製造・輸入数量及び出荷先用途等の前年実績を製造者と輸入者が毎年届け出る、②有害性情報をその有害性の程度に応じて報告する、③曝露情報と有害性情報を用いて国がリスク評価を実施する。

化学物質の性状等（分解性、蓄積性、毒性、環境中での残留状況）に応じた規制及び措置

　性状に応じて、第一種特定化学物質、第二種特定化学物質、監視化学物質、優先評価化学物質、特定新規化学物質、特定一般化学物質に指定し（**表3-1**）、製造・輸入数量の把握、有害性調査指示、製造・輸入許可、使用制限等を実施する。

表3-1　化審法における性状に応じた物質の分類

性状 物質の区分	難分解性 ＊1	高蓄積性 ＊2	人への 長期毒性 ＊3	動植物 への毒性 ＊3	備　考
第一種特定 化学物質	●	●	● または ● （高次捕食動物）		―
監視 化学物質	●	●	不明		新規化学物質は除く
第二種特定 化学物質	●	○	● または ● （生活環境動植物）		相当広範な地域の環境中 に相当程度残留
優先評価 化学物質	―		○とは言えない		環境中に相当程度残留も しくはその見込み

●：該当、○：非該当。
＊1：自然的作用による化学的変化を生じにくい。
＊2：生物の体内に蓄積されやすい。
＊3：継続的に摂取される場合には、人の健康又は高次捕食動物の生息又は生育に支障を
　　　及ぼす恐れがある。

● 具体例 ●

　自社の研究開発部門が新しい素材を開発し、いよいよ商業的に国内で販売することになりました。主な使い方は工業用途です。

　⇒この場合、製造開始前及び市販開始後に必要な国内法対応としては以下が挙げられます。

（1）化審法

- 新規化学物質の申出と届出、三省からの確認もしくは許可の取得
- 上市後の毎年度、数量及び用途等の報告
- 新たな有害性の知見が得られた場合の有害性情報報告

（2）安衛法

- 新規化学物質の届出と厚生労働省の許可の取得
- GHS分類結果に応じた、SDS作成とラベル表示

コラム ＞ どうして化審法ができたの？

　1968年、食用油の製造過程で熱媒体として使用されていたPCB（ポリ塩化ビフェニル）が製品に混入したことによる健康被害、いわゆるカネミ油症事件が発生した。PCBは不燃で化学的に極めて安定なうえ絶縁性能が高く、トランス（変圧器）やコンデンサー（蓄電器）の絶縁油、熱媒体、さらにはノーカーボン紙にも広く利用されていた。急性毒性はほとんどなく、当時は発がん性についても明確ではなかった。また、一旦環境に出たものを長期間にわたって摂取してはじめて被害が出るという性質のものであったため、すでに制定されていた直接曝露による被害を前提とした法令（後述する毒物及び劇物取締法や労働安全衛生法）では規制できない物質であった。こうした状況のもと、環境中で容易に分解せず、魚介類へ高度に蓄積し、継続的な摂取で慢性毒性を発現する、まさにPCBのような化学物質を規制することが緊急の課題となった。カネミ油症事件の発生から5年後の1973年の第71回特別国会で提案された法案は、参議院本会議（6月22日）、続く衆議院本会議（9月18日）において全会一致で可決成立した。

　化審法は新規化学物質を製造・輸入前に審査する制度を導入した世界初の法令であり、現在各国で運用されている化学物質についての審査及び規制に関する法（欧州REACH、米国TSCA、カナダCEPA1999、オーストラリアNICNAS、フィリピンRA6969、中国新化学物質環境管理弁法、韓国K-REACH等）の土台を築いた画期的な法令である。化審法成立から45年が経過したが、日本では新規化学物質に起因する環境汚染や被害は発生しておらず、化審法の考え方が理解され制度がしっかりと運用されていると言える。

b. 化学物質排出把握管理促進法

一言でいうと

日本国内で製造、使用、流通される化学物質が環境に排出された後、河川や底質の環境生物、大気や飲み水を経由して人体へ与える悪影響を防ぐための法令。化学物質を取り扱う事業所からの総排出量（大気・水系等）及び移動量を国が取りまとめ一般公開することで、一般消費者による監視を強め、事業者の自主的な排出管理改善、及び事業者間での情報共有を促す

法令名 特定化学物質の環境への排出量の把握等及び管理の改善の促進に関する法律

仮英名 Act on Confirmation, etc. of Release Amounts of Specific Chemical Substances in the Environment and Promotion of Improvements to the Management Thereof

略 称 化学物質排出把握管理促進法、化管法（かかんほう）、PRTR法

制定日 1999（平成11）年7月13日公布（法律第86号）

所管当局 内閣府、財務省、文部科学省、厚生労働省、農林水産省、経済産業省（主務省）、国土交通省、環境省（主務省）

目 的 有害性のある化学物質の環境中への排出量を広い業種*で把握し、公開することにより、化学物質

＊化管法は化学工業だけでなく、食品製造業、医療業、廃棄物処理業等、幅広い分野の産業を対象としている。

31

を取り扱う事業者の自主的な管理改善を促進し、環境の保全上の支障が生ずることを未然に防止する。

◆物質リスト◆ 特定第一種指定化学物質： PRTR制度*、化管法SDS制度*の対象物質。人に対する発がん性があると評価されているもの

第一種指定化学物質： PRTR制度、化管法SDS制度の対象物質。以下の有害性条件を有し、環境中に広く継続的に存在するもの

・人の健康を損なう恐れ又は動植物の生息もしくは生育に支障を及ぼす恐れがあるもの

・環境に排出された後、化学変化を起こし上記の有害な化学物質を生成するもの

・オゾン層を破壊する恐れがあるもの

第二種指定化学物質： 化管法SDS制度の対象物質。第一種指定化学物質と同じ有害性の条件に当てはまり、製造量の増加等があった場合には、環境中に広く存在することとなると見込まれるもの

表3-2　物質リスト

特定第一種指定化学物質	PRTR制度、化管法SDS制度の対象物質	15物質
第一種指定化学物質		447物質
第二種指定化学物質	化管法SDS制度の対象物質	100物質

＊PRTR制度、SDS制度については「義務」の項目を参照。

● 改正の歴史 ●

2008年11月：　化管法施行令の一部を改正する政令が公布
され、次の2点を改正。

①医療業を新たに追加

②対象物質を435物質（第一種354物質、第二種81物質）から
　562物質（第一種462物質、第二種100物質）へ見直し

2010年4月：　化管法施行規則の一部を改正する省令が公布
され、次の2点を改正。

①指定化学物質の分類（第一種指定化学物質について、それらの
　物質が属する分類の名称を付与）

②届出様式（移動先の下水道終末処理施設の名称、廃棄物の処理
　方法、廃棄物の種類の記載欄を追加）

2012年4月：　化管法施行規則の一部を改正する省令が公布
され、次の3点を改正。

①SDS制度で提供すべき情報等を追加

②ラベル表示制度の新設

③政令番号記載の廃止

2019年4月現在、2018年に閣議決定された第五次環境基
本計画を受けて見直しが開始された。

●　義　務　●

PRTR制度

　事業者が対象化学物質を排出・移動した際には、事業者自ら
が、その量を把握し、国に届け出る。国は集計データを公表し、
また国民は事業者が届け出た詳細内容を開示請求できる。

SDS制度

事業者が対象化学物質等を他の事業者に譲渡・提供する際には、その有害性情報や取扱いに関する情報を安全データシート（SDS）等で提供する*。

● 　**具体例**　●

これまで自社で取り扱ったことがないトルエンを他社から購入し、自社工場で使用することになりました。トルエンは化管法の第一種指定化学物質に指定されています。

⇒この場合、会社の規模と使用量に応じて、次の2点を行う必要があります。

- 年度ごとに、トルエンを保有・使用する事業所の排出量及び移動量を把握し、事業所が所在する都道府県に届出
- トルエンを含有する製品を顧客に譲渡・提供する場合、SDSを作成し提供。製品ラベルに、トルエンを含有していることを表示（努力義務）

*環境省：http://www.env.go.jp/chemi/prtr/archive/guide_H16/4.pdf

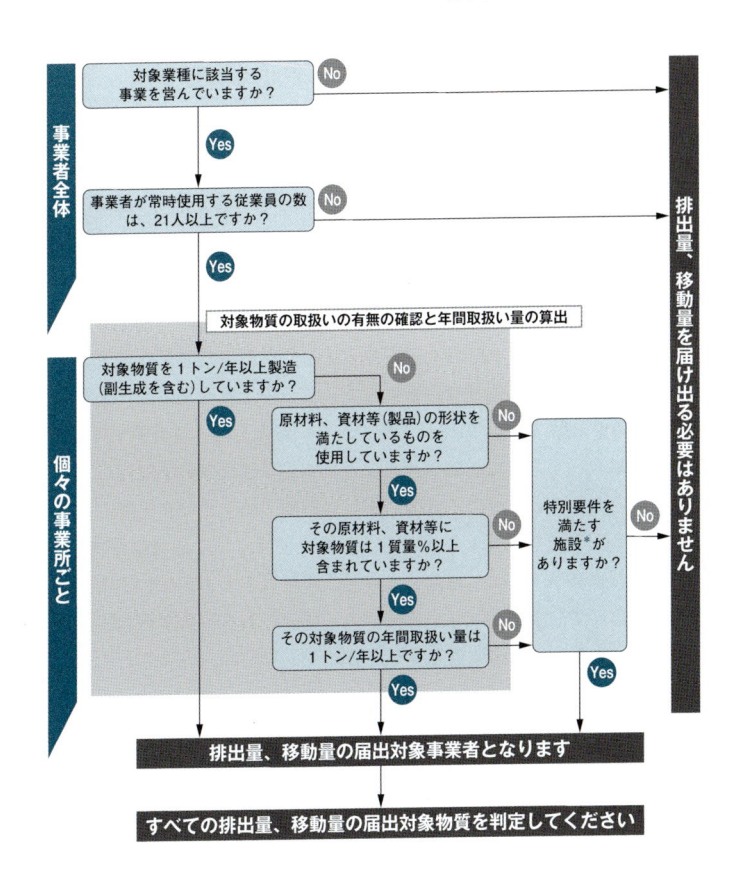

図3-1　化管法の判定フロー

＊：粉じん、捨石、鉱さい、坑水、廃水及び鉱煙の処理施設（鉱山保安法）、下水道終末処理施設、に規定する一般廃棄物処理施設（廃棄物の処理及び清掃に関する法律）、産業廃棄物処理施設（同）、製鋼の用に供する電気炉、廃棄物焼却炉等（ダイオキシン類対策特別措置法）。

コラム ＞ 日本の国民性に合った化学物質規制

　化管法は、届出を義務付ける規制と、企業による排出削減という自主管理を組み合わせた、これまでになかった法律です。そのため化学物質規制としては珍しいことですが、届出をしなかったとき以外に、罰則らしい罰則がありません。そのため制定時には、関係者の間でさえ、「本当に有害化学物質の削減ができるのか」との心配の声が上がっていたそうです。しかし、この心配は杞憂に終わりました。効果は着実に現れており、制定後約20年を経た今日では、法制定時の半分以下まで排出削減できた物質も見受けられます。多くの企業や国民が、公害問題の痛みを忘れておらず、「自主的に正しい報告を行って公開する」というプロセスを真摯に受け入れたこと、つまりは日本の国民性に適した規制と考えることができます。厳しい罰則で縛るだけが規制ではないということを世に示した画期的な法令と言えるでしょう。一方で、企業が誠意を示すことに躍起になって、限界以下まで削減して企業活動を圧迫してしまうケースもあるようです。これも特筆すべき国民性ではありますが、化学物質管理で大切なのは"ゼロにする"ことではなく、"事業者が安全に管理し、国民が安心して共存し続けられる"ことだと教えてくれていたという点からも画期的な法令なのかもしれません。また、この法律は届出を義務付ける規制と、企業による排出量等の削減という自主管理を組み合わせた画期的な法律といえます。

コラム > SDSを規定する3つの法律

SDSの提供義務は、化管法、安衛法、毒劇法の三法において規定されている。対象となる物質や目的はそれぞれ異なるが、いずれも化学物質を安全に取り扱うための情報伝達媒体としてSDSを活用するものである。

	化管法	労働安全衛生法	毒劇法
法律の目的	事業者による化学物質の自主的な管理の改善を促進し、環境の保全上の支障を未然に防止すること	職場における労働者の安全と健康を確保し、快適な職場環境の形成を促進すること	保健衛生上の見地からの毒物劇物の必要な取締りを行うこと
SDSの対象	人健康または生態系に支障を及ぼす恐れ（環境経由）があるもので、かつ、①環境中に広く継続的に存在する物質、または、②製造量の増加等により、環境中に広く存在すると見込まれる物質 義務：第一種、第二種指定化学物質及びそれを規定含有率以上含む製品	労働者に危険や健康障害を及ぼす恐れのある物質 義務：通知物質（663物質）及びそれを含有する混合物 努力義務：危険有害性クラス（生態影響を除く）で区分が付くものすべて	毒物・劇物（急性毒性による人の健康被害が発生する恐れが高い物質）
記載項目	GHSに規定される項目すべて	GHSに規定される項目（環境影響を除く）	GHSに規定される項目（危険有害性の要約、環境影響を除く）
SDS規定条項	法14条	法57条の2	令40条の9

C. 廃棄物処理法

一言でいうと

事業者や地方自治体等のごみ処理に関する責任と処理方法を定める法令

法令名	廃棄物の処理及び清掃に関する法律
仮英名	Waste Management and Public Cleansing Act
略 称	廃棄物処理法、廃掃法 (はいそうほう)
制定日	1970 (昭和45) 年12月25日公布 (法律第137号) 1971年9月24日施行
所管当局	環境省
目 的	廃棄物の排出を抑制し、廃棄物の適正な分別、保管、収集、運搬、再生、処分等の処理を行い、生活環境を清潔にすることにより、生活環境の保全及び公衆衛生の向上を図る (法第1条)。

改正の歴史

　廃棄物の処理については、汚物清掃法 (1900年制定) から引き継がれた清掃法 (1954年法律第72号) に基づき、主に市街地の特別清掃地域内における汚物 (ごみ、し尿、動物の死体) の処理が進められてきた。しかし経済の成長、国民生活の向上等に伴う廃棄物の増大、都市部等での集中、質的変化に加え、衛生工学の飛躍的発展を受け、廃棄物を科学的手法で解析し処理できるようになったことから、抜本的な改革の必要性が認識され

るようになった。1970年のいわゆる「公害国会」において本法が制定され、実状に即した廃棄物の科学的な処理体制が確立されたが、この際に旧法になかった「廃棄物」という新しい概念が作られ、また法の目的として、「公衆衛生の向上」に加えて、「生活環境の保全」が追加された。これらは現在まで廃棄物行政の根幹となっている。

その後、数回大きな改正が行われ、処理手順の適正化やリサイクルの推進が図られてきた。

2011年改正： ①事業所外で産業廃棄物を保管する際の事業者による事前届出制度の導入、②廃棄物処理施設の維持管理対策の強化（都道府県知事による定期検査の義務化）、③産業廃棄物処理業者の優良化推進（認定制度と優遇措置の導入）、④排出抑制の徹底（事業者による産業廃棄物減量等計画の作成・提出義務）、⑤適正な循環的利用の確保、⑥焼却時に発生する熱利用の促進[1]。

2017年改正： ①廃棄物不適正処理業者への指導と罰則の強化、②有害使用済み機器の適正保管等の義務化（バーゼル条約[2]をくぐり抜けようとする業者対策）、③親子会社間における自前（あるいは自社）処理の拡大。

---

[1] 環境省：http://www.env.go.jp/recycle/waste_law/kaisei2010/attach/diagram_revise.pdf

[2] 先進国からの廃棄物がアフリカ等開発途上国に放置されて環境汚染が生じるなどの問題を契機に制定された条約。一定の有害廃棄物の国境を越える移動等について国際的な枠組みと手続きを規定している。第2章参照。

● 義 務 ●

廃棄物の分類と処理責任

　事業者は、事業活動に伴う廃棄物を事業者責任で適切に処理する。廃棄物の種類によって規定が異なる（処理方法が異なる）ため注意（一般廃棄物、特別管理一般廃棄物、産業廃棄物、特別管理産業廃棄物）。

表3-3　廃棄物の分類と処理責任

	分　類	補　足	処理責任
産業廃棄物 **（事業活動に伴って生じ** **た廃棄物、20種類）**	産業廃棄物	指定された廃棄物[*1]	排出事業者[*2]
	特別管理産業廃棄物	爆発性、毒性、感染性のある廃棄物	
一般廃棄物 **（産業廃棄物以外）**	事業系一般廃棄物	事業活動で生じた廃棄物で、産業廃棄物以外の物	市町村[*2]
	家庭廃棄物	一般家庭の日常生活に伴って生じた廃棄物	
	特別管理一般廃棄物	廃家電等に含まれる有害物質を含むもの、感染性の廃棄物等	

＊1：燃え殻、汚泥、廃油、廃酸、廃アルカリ、廃プラスチック類、ゴムくず、金属くず、ガラスくず及び陶磁器くず、鉱さい、がれき類、ばいじん、紙くず、木くず、繊維くず、動植物性残さ、動物系固形不要物、動物のふん尿、動物の死体、以上の産廃処理物。
＊2：委託する場合には委託基準遵守。
＜参考＞知っておきたい廃掃法（有限会社クリーンカンパニー）：https://www.clean-c-akita.com/知っておきたい廃掃法/

コラム > 廃棄物管理と化学物質管理

　事業者の廃棄物管理は、事業遂行のための化学物質管理よりも重要な社会的義務と認識されています。

　現代社会では、普通に生活するだけでごみ（廃棄物）が発生してしまいます。同様に、事業者が活動すると廃棄物が発生します。今日では、どちらも削減傾向にあるものの、決してゼロにはできない宿命を持っています。そして廃棄物には化学物質が含まれています。

　一般に「化学物質管理」というと、化学物質が原材料から製造され、加工、流通、使用／消費されるという、いわゆる化学物質のライフサイクルにおける管理を意味することが多く、その化学物質が機能を果たし終わったら（すなわち益を生めなくなったら）、そこで化学物質としての運命は終了し、「廃棄物」となります[*]。化学メーカーにとっては、「廃棄物処理業者に委託すれば"化学物質管理"の任務は終了」と誤解されがちですが実はそうではなく、「廃棄物管理」は排出責任のある事業者と、委託された処理業者が協力し合って進める必要があります。

　またグローバルな視点からは、途上国における有害廃棄物管理が大きな課題の1つとして掲げられており、1992年に採択されたアジェンダ21でも、2006年に採択されたSAICMでも、また2015年に採択されたSDGs（持続可能な開発目標）でも、廃棄物管理の重要性（抑制、最少化、適正な処理、キャパシティービルディング、そのための資金援助等）が謳われています。これまでも、今も、そしてこれからも、化学メーカーが国内で生き残るためにも、またグローバルに展開するうえでも、廃棄物管理が重要な課題であることを忘れてはならないでしょう。

＊ただし3R（Reduce［リデュース］、Reuse［リユース］、Recycle［リサイクル］）の観点からは、廃棄物も立派な／有益な資源です。

d. 農薬取締法

一言でいうと

農薬の規格や製造・販売・使用等の規制を定めた法令

法令名	農薬取締法
仮英名	Agricultural Chemicals Control Act
略 称	農取法(のうとりほう)
制定日	1948(昭和23)年7月1日法律第82号
所管当局	農林水産省(主務省)、環境省、厚生労働省、食品安全委員会(内閣府)
目 的	農薬についての登録の制度を設け、販売及び使用の規制等を行うことにより、農薬の品質の適正化とその安全かつ適正な使用の確保を図り、もって農業生産の安定と国民の健康の保護に資するとともに、国民の生活環境の保全に寄与する(法第1条)。

改正の歴史

　制定当時 (1948年) は、戦後の食糧難を乗り越えるために食糧増産が急がれ、生産性を高めるために農薬が使われていた。しかし粗悪な農薬が出回ることも多く、使用する農家が損害を被るケースも少なくなかったと言われている。そこで農薬の品質保持と向上、食糧の増産を推進することを目的として本法が制定された。その後、社会環境等の変化とともに3回の大改正が行われている。

1963年改正：

- 適用対象の拡大（病害虫の定義にウィルスを加え、薬剤の定義に成長促進剤等[*1]を加える）
- 水産動植物の被害を防止するための農薬の取扱いに関する規定を追加

1971年改正：

- 残留農薬に対する対策の整備強化、登録制度の強化、農薬使用規制の整備等

2002年改正： 2002年7月以降、無登録農薬が全国的に流通し使用されている実態が明らかになり、国民の「食」に対する信頼を損なう大きな問題となった。同年末までには44都道府県で約270の業者が無登録農薬を販売し、約4000農家が使用していたことが判明した。そこで12月に法改正がなされ、主として次の3項目が強化された。

- 無登録農薬の製造、輸入、使用の禁止（販売は従来から禁止）
- 農薬使用基準に違反する農薬使用の禁止
- 罰則の強化

● 義　務 ●

農薬の製造者、加工者、輸入者の義務[*2]

- 農薬について農林水産大臣の登録を受ける
- 環境大臣の定める農薬残留濃度の基準や使用基準を守る
- 製造者は毎年1回、安全性について報告する

---

*1　農作物の生理機能の増進又は抑制に用いる農薬。
*2　義務とは、罰則を科す基準として定められている、遵守すべき義務のこと。

農薬の販売者の義務

• 事前に届出を行い、容器又は包装に定められた項目を正確に
  表示する

農薬使用者の責務[*1]

• 農薬を使用する際に、農作物等や人畜に害を及ぼさないよう
  にする

• 農薬の使用による農作物や土壌の汚染、水産動植物の被害の
  発生、公共用水域の水質汚濁等により人畜に被害が生じない
  ようにする

農薬使用者の努力義務[*2]

• 最終有効期限を超えて農薬を使用しないようにする

• 農薬の飛散防止のために必要な措置を講じる（航空防除や住宅
  周辺での農薬の使用時）

• 水田での使用時の流出や、農薬使用時の揮散を防止するため
  に必要な措置を講じる

• 農薬使用時に帳簿に記載する（農薬使用年月日、使用場所、対
  象農作物、農薬の種類または名称、単位面積当たりの使用量また
  は希釈倍数）

• 具体例 •

　自社で農薬を製造し販売しています。農取法では国が安全性
について評価を行うことになっているため、毎年1回は安全性
について製造者が報告をしなければなりません。国の評価の結

---

*1　責務とは、使用者が自分の判断と責任で使うこと。
*2　努力義務とは、罰則はないが努めるべき義務のこと。

果、農薬の使用においてゴーグルの着用が必要であることがわかりました。

　⇒この場合、農薬の使用者に対して防護装備をするように示すことが、製造メーカーに求められます。

コラム ▶ 農薬の安全性評価

　「無農薬・無添加」「有機○○」「オーガニック○○」等を謳った農産物が注目され始めて久しいが、果たしてそれらは安全と言えるのだろうか。農薬は、特に温暖湿潤な日本において、安全な（安定的な）食糧の生産（供給）に無くてはならないと言っても過言ではない。このため農薬に対しては厳格な安全性評価が行われており、開発から市販に至るまでに10年を超える歳月と数十億円の経費を要すると言われている。安全性評価においては、作業者、消費者、環境の3つを対象として厳密な評価が行われており、労働者だけを対象とした労働安全衛生法や、環境経由の一般消費者と環境だけを対象とした化審法とは異なる。この理由は、農薬は作業者が意図的に散布し、自然界に放出され、最終的に残留農薬として消費者に摂取されることから、各段階での毒性を勘案して安全性を担保する必要があるためである。また実際の評価については省庁間で分業されており、食品安全委員会がリスク評価とADI（一日許容摂取量）の設定を、厚生労働省が残留農薬基準の設定を、環境省が登録保留基準の設定を、農林水産省が安全使用基準の設定をそれぞれ任されている。

　「安全」と「安心」。厳重な評価体制の下で評価された安全性をいかに消費者に伝えていくか。これもまた日本の今後の食糧危機を回避するための1つの重要な課題だろう。

e. オゾン層保護法

一言でいうと

オゾン層破壊物質の生産と消費を規制する法令

法令名 特定物質の規制等によるオゾン層の保護に関する法律

仮英名 Act on the Protection of the Ozone Layer through the Control of Specified Substances and Other Measures

略 称 オゾン層保護法、オゾン法

制定日 1988（昭和63）年5月20日公布（法律第53号）
1989年7月24日施行

所管当局 環境省、経済産業省

目 的 国際的に協力してオゾン層の保護を図るため、オゾン層の保護のためのウィーン条約及びオゾン層を破壊する物質に関するモントリオール議定書の的確かつ円滑な実施を確保するための特定物質の製造の規制並びに排出の抑制及び使用の合理化に関する措置等を講じ、もつて人の健康の保護及び生活環境の保全に資する（法第1条）。

制定・改正の歴史

　国際的なルールであるウィーン条約及びモントリオール議定書を国内法で運用するために制定された。本法及び関連する条

46

表3-4 オゾン層保護法及びモントリオール議定書の動き

年　月	モントリオール議定書	オゾン層保護法
1985年 3月	ウィーン条約採択	
1987年 9月	モントリオール議定書採択 (1989年1月発効)	⇒1988年5月 オゾン層保護法成立
1990年 6月	ロンドン改正： 規制対象物質を追加 (四塩化炭素、トリクロロエタン等)、ハロン等の削減スケジュール前倒し	⇒1991年3月 オゾン層保護法改正① 議定書付属書に掲げる物質を「特定物質」として規定
1992年11月	コペンハーゲン改正： 規制対象物質を追加 (HCFC、HBFC、臭化メチル)、CFC等の削減スケジュール前倒し	⇒1994年6月 オゾン層保護法改正② オゾン層を破壊する物質であって政令で定めるものを「特定物質」として規定
1996年12月	先進国のCFC全廃目標	
1997年 9月	モントリオール改正： 臭化メチルの非締約国との貿易規制導入、規制物質のライセンス制度の設立	※政省令・告示により対応
1999年12月	北京改正： 規制対象物質の追加 (ブロモクロロメタン)	※政省令・告示により対応
2010年12月	途上国のCFC全廃目標	
2016年10月	キガリ改正： 規制対象物質の追加 (HFC)	⇒2019年1月 改正オゾン層保護法施行 (代替フロンから、さらに温室効果の低い物質へ転換)
2019年12月	先進国のHCFC全廃目標	

約等の動きを**表3-4**にまとめる。

2018年改正：　2009年以降、地球温暖化対策の観点から、モントリオール議定書の規制対象物質として代替フロンを追加する旨の議論が行われ、2016年10月にルワンダ・キガリで開催された第28回締約国会合で、代替フロンを新たに議定書の規制対象とする改正提案が採択された (キガリ改正)。

このキガリ改正は、国全体のHFCの生産量及び消費量（生産量＋輸入量－輸出量）を一定の水準以下に抑えることを主な内容とする。先進国グループに属する日本は、2019年から段階的な削減が求められ、特に2029年以降は基準値比で約70％以上の大幅な削減が求められる。2018年にキガリ改正による削減義務の国内担保措置としてオゾン層保護法が改正され、2019年1月1日から施行されている。これにより、代替フロンからさらに温室効果の低い物質への転換が必要となる*。

条約キガリ改正を受けたオゾン層保護法改正案（2018年現在）:

代替フロンの生産量・消費量の削減義務を履行するため、代替フロンの製造及び輸入を規制する。

- 経済産業省が代替フロンの生産量・消費量の限度を定めて公表
- 代替フロンの製造者は、経済産業大臣の許可を受ける
- 代替フロンの輸入者は、外為法の規定に基づく経済産業大臣の承認を受ける

＊経済産業省：http://www.meti.go.jp/policy/chemical_management/ozone/index.html

表3-5　物質リストと手続き

手続き（いずれも経済産業省へ）	特定物質
製造許可、変更、報告	HCFC（議定書附属書CグループⅠ） 臭化メチル（議定書附属書EグループⅠ） 1,1,1−トリクロロエタン（議定書附属書BグループⅢ）
原料用途及び特定用途の製造確認、変更、報告	すべてのオゾン層破壊物質（議定書附属書A〜E）
輸入割当	HCFC（議定書附属書CグループⅠ）
原料用途、試験研究・分析用途及び検疫用途の輸入確認	すべてのオゾン層破壊物質（議定書附属書A〜E）
輸出承認、届出	すべてのオゾン層破壊物質（議定書附属書A〜E）

義　務

製造許可

　モントリオール議定書に定める特定物質を製造する場合には、特定物質の種類及び規制年度ごとに、製造しようとする数量について、経済産業大臣の許可を受ける。

輸入承認

　モントリオール議定書に定める特定物質を輸入する前に、輸入割当を受け、輸入の承認を受ける。

原料用途、試験研究・分析用途及び検疫用途の輸入確認

　当該物質以外の物質の製造工程において原料として使用される特定物質を輸入する前に、当該物質が当該物質以外の物質の製造工程において原料として使用されるものであることについて経済産業大臣の確認を受ける。

輸出承認

　オゾン層破壊物質を輸出する前に、経済産業大臣の承認を受ける。

オゾン層破壊物質ごとに定められた、生産量及び消費量の削減スケジュールと基準限度の遵守

　事業者は、モントリオール議定書附属書A、B、C、Eに属する特定物質ごとに規定された削減スケジュール及びそれに基づき定められた生産量及び消費量の基準限度を守ることが義務付けられている。ただし実際には附属書CのHCFC（ハイドロクロロフルオロカーボン）以外は、原則として生産及び消費ともに全廃されている。

表3-6　日本の削減スケジュールの例

附属書AのグループⅠ（クロロフルオロカーボン：CFC）

期　間	生産量	消費量
1993年1月1日～	119,998	118,134
1994年1月1日～	30,000	29,534
1996年1月1日～	0	0

附属書CのグループⅠ（ハイドロクロロフルオロカーボン：HCFC）

期　間	生産量	消費量
1996年1月1日～	―	5,562
2004年1月1日～	5,654	3,615
2010年1月1日～	1,413	1,390
2015年1月1日～	565	556
2020年1月1日～ *	28	27
2030年1月1日～	0	0

注：表中の数値は、R11（CFC）を1.0として、同一質量の他の物質が放出されたときのオゾンへの影響を相対値で示すもの。単位はODPトン（ODP：Ozone Depletion Potential。オゾン層を破壊する力を定数値化した値。オゾン破壊係数ともいう）。
　　なお、生産量及び消費量の計算式は以下の通り；
　　　　生産量　＝　各規制物質の年間生産量　×　オゾン破壊係数（ODP）
　　　　消費量　＝　生産量　＋　輸入量　－　輸出量
　　　　輸入量　＝　各規制物質の年間輸入量　×　オゾン破壊係数（ODP）
　　　　輸出量　＝　各規制物質の年間輸出量　×　オゾン破壊係数（ODP）
＊：2020年1月1日に存在する冷凍空調機器への補充用に限る。

附属書CのHCFCの用途ごとに定められた削減目標の遵守

　唯一全廃されていないHCFCについては、1996年に作成された「今後のオゾン層保護対策のあり方について（中間報告）」で用途ごとに削減目標が定められている（**図3-2**参照）。

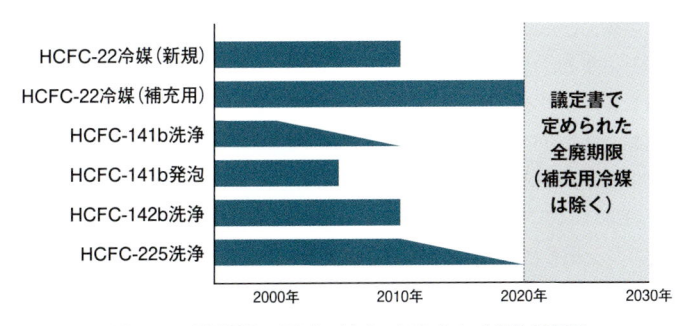

図3-2　HCFCの用途ごとに定められた削減目標

コラム ❯ 有機ハロゲン化合物の利用と環境問題

　フロンはオゾン層破壊物質として悪役になってしまったが、開発当時（1928年）のフロンは、無毒で燃えない安全な夢の化合物として絶賛されていた。冷蔵庫用の冷媒、発泡剤、噴射剤、洗浄剤等幅広い分野で使用され、大気中に放出されてきたが、オゾン層破壊性が指摘された1974年以降、ヒーロー的な存在だったフロンは一転して悪役の道へと進むことになる。1985年には南極でオゾンホールが発見され、これもその道を後押しすることになる。フロンの中でオゾン層破壊性を示すのは塩素を含むクロロフルオロカーボン（CFC）である。なかでも破壊力が特に強いフロン11（CCl_3F）、フロン12（CCl_2F_2）、フロン113（CCl_2FCClF_2）、フロン114（$CClF_2CClF_2$）、フロン115（$CClF_2CF_3$）は特定フロンと称され、ヘルシンキ宣言で2000年までに全廃することになった。

　フロンはその安定性のために対流圏（地上0〜11 km）では分解されずに成層圏（地上11〜50 km）に達する。成層圏では波長が短い紫外線によりC−Cl部分が切れ、塩素ラジカルが生じる。これが連鎖反応により次々とオゾンを分解し、南極ではオゾンホールが出現することになった。フロンに代わる、いわゆる代替フロンとして、水素を含んで対流圏中で分解されやすいフロン（HCFC）123（$CHCl_2CF_3$）や、塩素を含まないフロン（HFC）134a（CH_2FCF_3）等が開発されているが、赤外線を強く吸収するため地球温暖化物質としての問題も抱えているのも事実だ。

　「化学物質と正しく付き合う」。この言葉には様々な意味が含まれている。開発する側、使う側、廃棄する側、そして代替や削減をする側。これからの地球環境のためには、それぞれの場面において、化学物質のリスクとベネフィットを考慮しながら取り組んでいくことが必要不可欠と言えるだろう。

労働環境

労働安全衛生法

一言でいうと

　職場における労働者の安全と健康を確保し、快適な職場環境の形成促進を目的とする法令。基本政策のほか、職業性疾病、化学物質による健康障害及び作業関連疾患予防、職場環境における受動喫煙防止、地域産業促進等の中小企業対策まで、産業横断的に幅広く対象としている。化学物質関連では、有機溶剤、鉛、四酢酸鉛、アスベストといった特定の化学物質を取り扱う際の規制に加え、有害性調査を目的とした新規物質登録制度を有している

法令名	労働安全衛生法
仮英名	Industrial Safety and Health Law
略　称	安衛法（あんえいほう）、労安法（ろうあんほう）
制定日	1972（昭和47）年10月1日公布（法律第57号）
所管当局	厚生労働省（その他、関係の省庁）
目　的	労働災害の防止のための危害防止基準の確立、責任体制の明確化及び自主的活動の促進の措置を講ずる等その防止に関する総合的計画的な対策を推進する。職場における労働者の安全と健康を確保し、快適な職場環境の形成を促進する（法第1条）。

表3-7　法に基づく物質の区分と例

名称公表化学物質	労働安全衛生法施行令附則第9条の2の規定により労働大臣がその名称等を公表した化学物質（1979年6月29日までに製造され、又は輸入された化学物質）
新規名称公表化学物質	労働安全衛生法第57条の3の規定に基づき製造・輸入事業者から届け出られた新規化学物質
製造等が禁止される有害物等	尿路系器官、血液、肺にがん等の腫瘍を発生させることが明らかな物質（石綿等8物質）。
製造の許可を受けるべき有害物	ジクロルベンジジン、ジクロルベンジジンを含有する製剤その他の、労働者に重度の健康障害を生ずるおそれのある物（7物質）。製造しようとする者はあらかじめ、厚生労働大臣の許可を受けなければならない。
名称等を表示し、又は通知すべき危険物及び有害物	ラベル表示・SDS交付義務対象673物質（2019年6月現在）。
危険物	爆発性の物（ニトログリセリン等）、発火性の物（金属ナトリウム等）、酸化性の物（過塩素酸ナトリウム等）、引火性の物（エチルエーテル等）、可燃性のガス（水素、アセチレン等）
特定化学物質	微量の曝露でがん等の慢性・遅発性障害を引き起こす物質[*1]と、大量漏洩により急性障害を引き起こす物質[*2]
鉛等／四アルキル鉛等	中毒性がある鉛誘導体（燃料アンチノック剤）
有機溶剤等	第一種有機溶剤（クロロホルム等）、第二種有機溶剤（アセトン等）、第三種有機溶剤（ガソリン等）
がん原性に係る指針対象物質	がんを起こすおそれのある化学物質（塩化アリル、オルトーフェニレンジアミン等）
強い変異原性が認められた化学物質	既存物質点検で強い変異原性が確認された物質（アクリルアミド等235物質）、新規物質として届けられたもので変異原性が確認された物質（アセチルチオ尿素等952物質）

＊1　第1類物質＝ジクロロベンジジン等。第2類物質＝アルキル水銀化合物等
＊2　第3類物質＝アンモニア、一酸化炭素等。特定第2類物質＝ベンゼン、ヨウ化メチル等

● 改正の歴史（化学物質関連）●

1977年7月： 六価クロム、塩化ビニル等の化学物質による重篤な職業性疾病が社会問題化したのを受け、労働安全衛生法及びじん肺法の一部を改正する法令案が可決。新規化学物質を製造・輸入しようとする事業者は当該化学物質の有害性の調査を行い大臣に届け出ることが義務化された。

1980年6月： 建設業における労働災害の増加を背景に、次の3点を改正。

①建設工事の計画の安全性に関する事前審査制度の充実強化（労働大臣への計画の届出、建設工事の計画作成時における有資格者の参画）

②重大事故発生時における安全を確保するための措置

③下請業者が混在する作業現場における安全衛生対策の充実及び強化（特定元方事業者の講ずべき措置の強化、元方安全衛生管理者の選任）

1999年6月： 労働安全衛生対策の見直しにより、次の4点を改正。

①深夜業に従事する労働者の健康管理の充実（自発的健康診断）

②事業者は、①の結果に基づき、健康を保持するのに必要な措置について、医師の意見を勘案し軽減措置を講じる

③化学物質等による労働者の健康障害を防止するための措置の充実（健康障害を生ずる恐れのある化学物質等の譲渡において、物質名称、成分及びその含有量、物理的及び化学的性質、人体に及ぼす作用等の事項を、相手方に通知しなければならない）

④事業者は、通知された事項を、当該事項に係る化学物質等を取り扱う各作業場の見やすい場所に常時掲示し、又は備え付けること

2014年6月：　印刷所でのトリクロロエチレンによる胆管がんの発症を受け、化学物質の危険有害性や適切な取扱い方法等を知らなかったことによる労働災害を防ぐため、従来の安全データシート（SDS）の交付対象物質640物質（2019年6月時点で673物質）について、包装へのラベル表示（対象物質の範囲拡大）と取り扱う際のリスクアセスメントの実施を義務化した。

・　**義　務**　・

新規化学物質の有害性調査制度

　新規化学物質を製造／輸入する事業者は、その物質の有害性調査（微生物を用いる変異原性試験又はがん原性試験）を実施し、その結果を厚生労働大臣に届け出る。国は原則1年後に官報公示。

製造許可7物質と特別規則119物質に対する労働者保護

　物質の特性に応じ、局所排気装置等の工学的対策、保護具の使用、健康診断、作業環境測定等の措置を講じる。

リスクアセスメント実施

　安全データシート（SDS）の交付対象物質673物質について、包装へのラベル表示（対象物質の範囲拡大）と取り扱う際のリスクアセスメントを行う。

● 具体例 ●

　新しい化学物質を自社工場で製造することになりました。この物質は官報公示されていない新規化学物質です。

　⇒この場合、事業者は、次のどちらかを行う必要があります。

- 年間製造量が100kgを超える場合、その物質の有害性調査（微生物を用いる変異原性試験又はがん原性試験）を実施し、その結果を厚生労働大臣に届け出る
- 年間製造量が100kg以下である場合には、その旨について厚生労働大臣の確認を受ける（有害性調査は免除）

コラム ＞ 産業分野によらない化学物質管理法規

　日本の化学物質関連法規の多くは、農薬として使う化学物質は農薬取締法（農林水産省）、医薬品だと医薬品医療機器等法（厚生労働省）、といった具合に用途ごとの規制となっています。ところが安衛法は、「労働者への曝露」という切り口で法令が成り立っているため、その適用対象は労働者がいるところすべて、つまりは全産業に及びます。すなわち新規化学物質の届出をする際には、産業用途別化学物質届出（化審法、薬機法等）に加えて、安衛法に関しても届出を行わなければなりません。

　産業用途別法規で届出免除になっている化学物質でも、安衛法では届出が必要となるケースもあります。そのため、長年製造してきた製品でも、実は安衛法の新規化学物質届出が必要な物質が含まれていた、という事例もまれに発生します。

　新たに担当になられた方は、まずは安衛法ウェブサイト＊などを熟読し、自社で製造・輸入している化学物質が届出要件に該当するか否かを点検するようお勧めします。

　安衛法の新規化学物質届出だけで化学物質から労働者の健康が完全に守られるわけではありませんが、化学物質管理においては重要な手続きです。

＊厚生労働省：https://www.mhlw.go.jp/stf/seisakunitsuite/bunya/koyou_roudou/roudoukijun/anzen/anzeneisei06/index.html

3-3 消費者保護

a. 有害家庭用品規制法

一言でいうと

安全な家庭用品の流通が確保されるよう、有害物質の含有や上市前の検査、設計から廃棄に至るまでのリスク管理等について規制する法令

法令名 有害物質を含有する家庭用品の規制に関する法律

仮英名 Act on Control of Household Products Containing Harmful Substances

略 称 有害家庭用品規制法、家庭用品規制法

制定日 1973 (昭和48) 年10月12日公布及び施行 (法律第102号)

所管当局 厚生労働省

目 的 有害物質を含有する家庭用品について保健衛生上の見地から必要な規制を行うことにより、国民の健康の保護に資する (法第1条)。

　法律、政令、省令、通知からなる。通知において具体的な有害物質と家庭用品の組み合わせを示し、その有害物質の検査の方法等を定めている。例えば、「アゾ染料＆家庭用繊維製品」の組み合わせで、アゾ化合物*が衣服等の繊維製品の染料として使用されている場合に、アゾ染料を繊維製品からサンプリングする方法、サンプリング後の検査方法、基準値等を定めている。

　家庭用品には、一般消費者が生活のために使用するあらゆる製品が該当するが、食品衛生法及び医薬品医療機器等法で規制されるものは本法の対象外である（例：食品等の包装容器、乳幼児の玩具、食品食器用の洗浄剤、医薬品、化粧品）。

● 義 務 ●

20の化学物質について基準値を遵守

　事業者は、政令・施行規則で定められている20の化学物質（ホルムアルデヒド、メタノール、塩化ビニル等）について、その基準値（含有量、溶出量または発散量）を超える家庭用品を販売してはならない。

　⇒事前の審査は規定されていないが、当該家庭用品が基準に適合しているかどうかを、製造・輸入する事業者が確認する必要がある。例えば検査機関での検査、自社の検査施設での検査、もしくは原材料メーカーに基準値適合を確認するなど。

＊化学的変化により容易に、発がん性を有する恐れのある特定芳香族アミンを生成する。

表3-8　健康被害を起こす物質リスト

有害物質	用　途	主な健康被害	規制日
ホルムアルデヒド	樹脂加工剤	粘膜刺激 皮膚アレルギー	1975年10月　1日
ディルドリン	防虫加工剤	肝臓障害 中枢神経障害	1978年10月　1日
DTTB[*1]	防虫加工剤	経皮、経口急性毒性 肝臓障害、生殖器障害	1982年　4月　1日
有機水銀化合物	防菌防カビ剤	中枢神経障害 皮膚障害	1975年　1月　1日
トリフェニル錫化合物	防菌防カビ剤	経皮、経口急性毒性 皮膚刺激性障害、生殖 機能障害	1979年　1月　1日
トリブチル錫化合物	防菌防カビ剤	経皮、経口急性毒性 皮膚刺激性障害、生殖 機能障害	1980年　4月　1日
APO[*2]	防炎加工剤	造血機能障害	1978年　1月　1日
TDBPP[*3]	防炎加工剤	発がん性	1978年11月　1日
BDBPP化合物[*4]	防炎加工剤	発がん性	1981年　9月　1日
塩化ビニル	噴射剤	発がん性	1974年10月　1日
メタノール	溶剤	視神経障害	1982年　4月　1日
テトラクロロエチレン	溶剤	中枢神経障害	1983年10月　1日
トリクロロエチレン	溶剤	中枢神経障害、肝臓障 害	1983年10月　1日
塩化水素	洗浄剤	皮膚、粘膜障害	1974年10月　1日
硫酸	洗浄剤	皮膚、粘膜障害	1974年10月　1日
水酸化ナトリウム	洗浄剤	皮膚、粘膜障害	1980年　4月　1日
水酸化カリウム	洗浄剤	皮膚、粘膜障害	1980年　4月　1日
ジベンゾ[a,h]アント ラセン	木材防腐・防虫剤	発がん性	2004年　6月15日
ベンゾ[a]アントラセ ン	木材防腐・防虫剤	発がん性	2004年　6月15日
ベンゾ[a]ピレン	木材防腐・防虫剤	発がん性	2004年　6月15日

出典：厚生労働省（http://www.nihs.go.jp/mhlw/chemical/katei/kijyun.html）
*1：　4,6-ジクロル-7-(2,4,5-トリクロルフェノキシ)-2-トリフルオルメチルベンズイ
　　　ミダゾール。
*2：　トリス(1-アジリジニル)ホスフィンオキシド。
*3：　トリス(2,3-ジブロムプロピル)ホスフェイト。
*4：　ビス(2,3-ジブロムプロピル)ホスフェイト化合物。

責務：リスク管理（義務ではない）

とりわけ家庭用化学製品は、消費者が化学物質に直接接触する可能性の高い製品であるため、製造業者等には、使用する化学物質の特性を十分に把握したうえで、開発・設計段階からの適切なリスク管理が求められている。法第3条には家庭用品の製造業者及び輸入業者の責務として、"製品に含有される物質の人の健康に与える影響を把握し、健康被害が生ずることのないように努めなければならない" 旨が記されている。化学物質のもたらすリスクの対象には主として人健康と生態環境があるが、本法でいうリスクは人健康リスクのみである。

⇒厚生労働省は事業者がこのような責務を果たすための "家庭用品安全確保マニュアル" を「家庭用化学製品に関する総合リスク管理の考え方」というタイトルで公開している*。安全な家庭用品に関するリスクについて、原料の選定から廃棄に至るまで総合的な管理を事業者に促すために、製品設計段階における基本要件、リスク分析、市販後のリスク管理、リスクコミュニケーション、リスク削減技術の開発についてわかりやすく解説している。

回収命令

厚生労働省や地方自治体は、以下の場合には事業者に回収等の命令をすることができる。

- 基準に適合しない家庭用品が健康被害を起こす恐れがある場合

---

*厚生労働省：http://www.nihs.go.jp/mhlw/chemical/katei/PDF/sougourisukukanri.pdf

- 安全基準が定められていない家庭用品が重大な健康被害を発生している場合

● 具体例 ●

海外のサプライヤーから家庭用塗料を輸入することになりました。家庭用塗料は、家庭用品規制法の有害物質リスト内にある「対象家庭用品」に該当します＊。防菌・防かび剤としてのスズ化合物等が微量に含まれている可能性もあるためサプライヤーに開示をお願いしたところ、開示不可と言われました。

⇒この場合、自社で測定するかもしくはサプライヤーから「基準値適合証明書」のような文書を得ることで輸入可否を判断することが求められます。

● 参 考 ●

家庭用品の安全対策（厚生労働省）：http://www.nihs.go.jp/mhlw/chemical/katei/kateiindex.html

---

＊化学物質と法規制研究所：http://www.chemical-substance.com/kateiyohinkiseiho/yugaibushitsu.html

コラム ＞ 「フェイルセイフ」と「フールプルーフ」

「フェイルセイフ」「フールプルーフ」とは、"モノは壊れるもの""人は誤るもの"という概念を前提とする考え方のことだ。製造業者としては、壊れないもの、故障しないものを作ることが第一だと考えがちだが、壊れても、故障しても、もしくは製品についての知識を十分に有しない消費者や小児等が使用しても、人がけがをしないものを作るための方策が大事である。以下、厚生労働省のマニュアルから抜粋する。

フェイルセイフ (fail safe)： 仮に誤使用があったとしても、安全な製品であること。例えば、転倒しても漏れ出さない工夫をすることなどが考えられる。

フールプルーフ (fool proof)： 誤使用そのものが起こらないような構造・機能等を有すること。例えば、小児が容易に開封できないように包装・容器に工夫をすること、また電池のプラスとマイナスを逆にすると電池が入らないようにすることなども、この考え方に則ったものである。

b. 家庭用品品質表示法

一言でいうと

安全な家庭用品の流通が確保されるよう、商品の品質に関する表示の内容や方法を定めた法令

法令名	家庭用品品質表示法
仮英名	Household Goods Quality Labeling Act
制定日	1962（昭和37）年5月4日公布及び施行（法律第104号）
所管当局	消費者庁
目 的	家庭用品の品質に関する表示の適正化を図り、一般消費者の利益を保護する（法第1条）。

補 足

「家庭用品」とは、「一般消費者が通常生活の用に供する繊維製品、合成樹脂加工品、電気機械器具及び雑貨工業品のうち、一般消費者がその購入に際し品質を識別することが著しく困難であり、かつ、その品質を識別することが特に必要であると認められるものであつて政令で定めるもの」のことである。

本法は法律、施行令、施行規則、省令等からなる。施行規則の中で、繊維製品、合成樹脂加工品、電気機械器具、雑貨工業品について、それぞれの品質表示が規定されている。

● 改正の経緯 ●

　時代の変化とともに、消費者の嗜好やニーズは変化し、それに応じて家庭用品も変化する。こうした変化に合わせて、本法で規定すべき製品も随時、追加されてきた。例えば1997年には住宅用ワックス、皮革手袋、皮革衣料が、2000年には浄水器、エアコンが、直近では2017年にステンレス製卓上用魔法瓶が追加されている。

● 義　務 ●

表示規程の遵守

　製造業者、販売業者、表示業者*は、定められた家庭用品について、その品質を適正な表示方法に則って表示する。

　例えば衣料用、台所用又は住宅用の漂白剤の場合は、漂白剤の系別（塩素系、酸素系、還元系）に、表示すべき成分の種類の名称が定められている。例えば塩素系であれば次亜塩素酸ナトリウムとジクロロイソシアヌル酸ナトリウム（又はカリウム）を表示し、また一定の塩素ガスを発生する場合には「まぜるな　危険」と表示することがガスの測定方法とともに定められている。

指示への対応

　表示事項を表示しなかったり、決められた方法に則った表示をしない事業者があった場合には内閣総理大臣または経済産業大臣から是正指示を受けることとなり、対応が求められる。

---

*製造業者又は販売業者の委託を受けて家庭用品に品質等の情報を表示する事業を行う者。

コラム ＞ 表示の国際化

「信号機の色は？」と聞かれて、何の戸惑いもなく、「赤、青、黄色」と回答することができる。これはこの組み合わせが世界各国で共通に使われ、生まれてからずっとこの同じ組み合わせを見てきたからである。もし法改正があって、「青＝止まれ」「赤＝歩け」へと、ある日を境に変更されることになったら、混乱が起こり、私たちの安全な生活が脅かされることは間違いない。

では洗濯表示ではどうだろうか。実は2016年より洗濯表示が次のように変わっているのだが、お気づきだろうか。

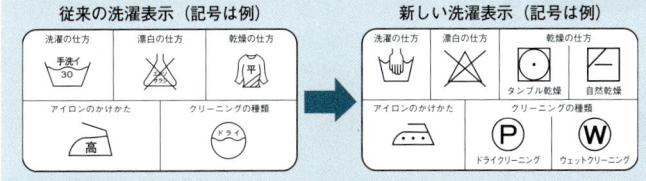

出典：消費者庁資料より（https://www.caa.go.jp/policies/policy/representation/household_goods/pdf/laundry_symbols_161104_0001.pdf）

消費者庁曰く、今回の変更で、「国内外で洗濯表示が統一されることにより、海外で購入した衣類等の繊維製品の取扱いなどを円滑に行えるようになる」と考えられ、利便性の向上も期待できるのだそうだ。しかし実際はどうだろうか。生まれてからこれまで慣れ親しんできた表示（左）が新しい表示（右）に変わったら、どう感じるだろうか。お気に入りの服をいざ洗おうとして表示を見たときに慣れない表示があると、洗濯方法に戸惑いが生じることも少なくないのではないか。

今回の変更は、日本が提案した自然乾燥の表示*がISOに採用されたことに伴うものだが、自然乾燥の表示が追加されただけでなく、そのほかの表示も様変わりしている。私たちの生活も時代の流れとともにグローバル化していくことが求められているということなのだろう。

＊欧米では自然乾燥の習慣がないところが多い。

c. 医薬品医療機器等法

一言でいうと

医薬品や医療機器等の有効性・安全性を確保するため、製造から販売、市販後の安全対策までを規制する法令

法令名 医薬品、医療機器等の品質、有効性及び安全性の確保等に関する法律

仮英名 Law on Securing Quality, Efficacy and Safety of Products Including Pharmaceuticals and Medical Devices

略 称 薬機法（やっきほう。旧：薬事法）、医薬品医療機器等法

制定日 2013（平成25）年11月27日公布、2014年11月25日施行*

所管当局 厚生労働省

目 的 「医薬品、医薬部外品、化粧品、医療機器及び再生医療機器等製品の品質、有効性及び安全性の確保並びにこれらの使用による保健衛生上の危害の発生及び拡大の防止のために必要な規制を行うとともに、指定薬物の規制に関する措置を講ずるほか、医療上特にその必要性が高い医薬品、医療機器及び再生医療等製品の研究開発の促進のために

＊本法は、薬事法（1960［昭和35］年法律第145号）の後身である。〈改正の歴史〉の項では、薬事法についても記述する。

必要な措置を講ずることにより、保健衛生の向上を図ること」を目的とする（法第1条）。

● 改正の歴史 ●

医薬品の品質等に関する法令は古く（江戸時代）から存在し、明治時代に西洋医学が浸透すると販売等に関する規制も進められた。戦後、薬事法が制定されると、医薬品の製造業、流通業が登録制となるほか、国民保険等の保険制度も同じ法令の中で扱われることとなった。1990年代に入り国の政策として薬事法関連の規制改革が行われ、2000年代に入ると国際的な整合性、科学技術の発展（バイオゲノム、ナノテク等）を踏まえた法改正が行われた。以下、一部の例を示す。

2001年改正：　化粧品承認制度廃止、全成分表示制度導入
2002年改正：　製造販売等の承認・許可制度等に係る大改正
2006年改正：　医薬品販売の規制緩和
2013年改正：　医療用ソフトウェアの規制

● 定 義 ●

「医薬品」「医薬部外品」「化粧品」「医療機器」「再生医療機器」のそれぞれについて法第2条で定義がなされている。以下の表に簡単に示すように、有効成分や配合、目的によって分類されている。

表3-9 医薬品医療機器等法における定義

分　類	内　容	例
医薬品	治療を目的とした薬で、配合されている有効成分の効果が認められている	市販の風邪薬
医薬部外品	有効な成分が一定の濃度配合されている	薬用歯みがき、薬用石鹸、薬用シャンプー、染毛剤
化粧品	人体を清潔にし、美化し、魅力を増し、容貌を変え、又は皮膚や毛髪を健やかに保つために身体に塗擦、散布等されるもの	シャンプー、メークアップ、マニキュア、歯みがき、石鹸
医療機器	ヒトや動物の疾病の診断、治療、予防に使用される又は身体の構造や機能に影響を及ぼすための機械器具等	メス、ピンセット、心臓ペースメーカー、レントゲン装置、コンタクトレンズ、絆創膏、体温計
再生医療機器	ヒトの細胞に培養等の加工を施したり遺伝子治療を目的としてヒトの細胞に導入して使用するもの	軟骨再生製品や皮膚再生製品（細胞を使って身体の構造等を再建）、がん免疫製品（細胞を使って疾病を治療）

● 義　務 ●

- 製造販売業の許可を取得する
- 製造販売責任者を設置する
- 海外で医薬品等を製造する場合は外国製造業者の認定を受ける（化粧品は届出）
- 品目ごとに製造販売承認を取得する（化粧品は製品に含有される全成分をラベル等に表示すれば承認取得不要）
- 医薬品と医療機器について販売業の許可を取得する

● 具体例 ●

　自社の工場で、これまで扱ったことのない新しい物質を国内製造し、国内ではシャンプーに配合して販売、海外向けにはそ

の物質を輸出して海外で化粧品へ配合することになりました。

　⇒この場合、国内で配合して販売する数量分については、医薬品医療機器等法における「化粧品」の対応、すなわち製造業の許可を得て、ラベルに全成分開示することで最終製品であるシャンプーを届出すれば販売が可能になります。一方、海外への輸出分については化審法の対象となりますので、化審法における新規物質の登録（通常新規、低生産新規、少量新規、輸出専用特例申出等）を行い、化学物質として輸出を行うことになります。

　同じ物質であっても、その使用目的と使用場所によって法令も、必要な対応も変わるため注意が必要です。

コラム ＞ ジェネリック医薬品

　薬局で処方箋を提出する際に「ジェネリックにしますか？」と尋ねられた記憶のある方も少なくないだろう。正式には「後発医薬品」と呼ばれ、「先発医薬品」の対語である。ある会社が医薬品を開発し製造販売許可を得ると、医薬品有効成分の特許期間（原則20〜25年）が切れるまでは、その医薬品を製造販売できるのはその会社だけである。特許期間が切れると、他の製薬会社も許可を得れば製造販売することができるようになる。これが後発医薬品である。後発医薬品は、すでに有効成分の開発・検証が済んでいるため、開発にかかる費用や時間が抑えられるほか、厚生労働省による承認審査の試験項目や求められるデータが少なくて済む。提供される医薬品の価格も低下することから、膨張する医療費の抑制を目的として政府主導で普及が進められている。

　後発医薬品の承認審査に必要な資料は生物学的同等性試験及び加速試験の結果、規格と試験方法を記した書類であり、先発医薬品と同等の効果が得られることを科学的に証明する必要がある。医薬品の形状等によって求められる内容は異なるが、例えば経口製剤（内服薬）の生物学的同等性は溶解性が重視される。医薬品は体内で溶け、血中に運ばれて初めて効果を発揮する。有効成分の量が先発医薬品と同じであっても、添加物の種類や量が異なれば溶解性に違いが出てくる。このため一定の溶解液での溶解時間を計ったり、先発医薬品と後発医薬品を数十人に飲ませて血中濃度を測ったりするなどして、同等性を評価する。

　少子高齢化が進行する中、薬剤費や国民医療費は増加しており、後発医薬品の普及と継続的な信頼性の担保が期待される。

d. 食品衛生法

一言でいうと

日本の食品を安全に保つため、食に関わる事業者の事前許可、食品、添加物、包装に関する基準等を定めた法令

法令名 食品衛生法

仮英名 Food Sanitation Act

略称 食衛法（しょくえいほう）

制定日 1947（昭和22）年12月24日法律第233号

所管当局 厚生労働省

目的 食品の安全性の確保のために公衆衛生の見地から必要な規制その他の措置を講ずることにより、飲食に起因する衛生上の危害の発生を防止し、もって国民の健康の保護を図る（法第1条）。

改正の歴史

　国民の生活に欠かせない食品衛生は古くから法制化されており、1900年に制定された「飲食物ソノ他物品取リ締ニ関スル法律」では特定の化学物質を中心に不良食品や食中毒等への対応がとられていた。戦後1946年に日本国憲法が制定されると同時に本法は無効化され、それまでの限定的かつ罰則の緩い法令を見直すことになった。当時、食品衛生の状況や食糧事情は多様化していたため、品質や表示に関して米国の食品医薬品化粧品取締法を参考にする案が挙げられていたが、農林省の反対

の末、見送られることになった。

1953年改正：　食品等の定義の明確化、承認の有効期間の設定、食品衛生検査施設の基準の設定義務、立入検査や中毒検査の規程の追加等。

1957年改正：　1955年に起きた森永ヒ素ミルク事件では、乳幼児100人以上が死亡し1万人以上の患者を出した。このような事例を未然に防止するため、食品衛生管理者制度が導入された。例えば全粉乳、調製粉乳、化学的合成品である添加物等を扱う特定の業種の事業者は、その製造または加工を衛生的に管理するため専任の食品衛生管理者を設置することが義務付けられた。

1972年改正：　食品衛生の分野で農薬、微量重金属または化学物質による食品汚染、食品添加物の安全性、消費者保護のための表示の適正化等への関心が高まりつつあった1967年、豚コレラワクチンの製造に使用した豚肉が違法に販売されていたことがわかり、これを契機に次の内容が追加された。

- 食品関係営業者の食品安全確保に対する責任を明確化及び強化
- 営業の管理運営上講ずべき衛生上の措置に関し法的基準を設定可能とする
- 検査体制整備の一環として民間の公共的試験検査機関を活用する指定検査機関制度を創設
- 輸入食品について検査命令による製品検査制度を新設

2002年改正：　BSE問題、偽装表示事件、輸入食品の増加等を契機に食の安全に対する国民の不安と不信が高まり、食品

の安全確保に関する従来の施策を見直すことになった。

- 輸入品・国産品を問わず、食品衛生上の危害の発生を防止するため特に必要であると認められるときには、食品、器具又は容器包装等を検査をせずに販売、輸入等を禁止できる仕組みを創設
- 罰則の引き上げ（最高200万円）
- 法違反者等の名称の公表

2018年改正： 食品の安全を取り巻く環境が変化し、外食・中食需要の増加、輸入食品の増大等、食のグローバル化が進展している一方で、2020年には東京オリンピック・パラリンピック競技大会を控えており国際基準と整合した食品衛生管理が求められている。2018年6月に改正法が公布された。

- 健康被害の防止や食中毒等のリスク低減
  →食中毒対策の強化、HACCP*の制度化、リスクの高い成分を含む健康食品等による被害防止対策、食品用器具及び容器包装規制の見直し（認められた物質以外は原則使用禁止とするポジティブリスト制度の導入）
- 食品安全を維持するための仕組み
  →営業許可制度の見直しと営業届出制度の創設、食品リコール情報の把握と提供、輸入食品の安全性確保・食品輸出事務の法制化
- 食品安全に関する国民の理解促進

＊Hazard Analysis and Critical Control Point。各原料の受入から製造、製品の出荷までのすべての工程において、食中毒等の健康被害を引き起こす可能性のある危害要因（ハザード）を科学的根拠に基づき管理する方法。

→リスクコミュニケーションの強化（リスクに関する情報を正しく消費者に伝えるため、行政から国民への情報の発信方法や内容を工夫し、双方向の意見交換を推進）

● 義 務 ●

営業許可、施設基準への適合

飲食店等、公衆衛生に与える影響が著しい業（34業種）を営む前に都道府県知事等の許可を得、業種ごとに定められた施設基準に適合させる。

食品衛生責任者の設置

飲食店営業、喫茶店営業、食肉販売業、氷雪販売業等においては食品衛生責任者を置く。

販売等の禁止

腐敗、変敗したもの、有害物質が含まれるもの、病原性微生物で汚染されているものなど、不衛生食品については販売を禁止する。

規格・基準の遵守

厚生労働省が定めた食品、添加物、器具及び容器包装に関する規格基準に合わない食品等の製造、輸入、加工、販売等を禁止する。

- 食品（成分規格、製造基準、加工基準、調理基準、保存基準）
- 添加物（成分規格、保存基準、製造基準、使用基準）
- 器具及び容器包装（材質別規格、用途別規格、製造基準）

コラム ▶ 安全な食の確保のために

　食品衛生法に加えて、2003年には食品基本法が制定された。新たに食品安全委員会が設置され、日本における食品の安全確保のための新たな取組みが始まった。食品基本法では基本理念として、国民の健康の保護が最も重要であることなどを定め、国、地方自治体及び食品関連事業者の責務や消費者の役割を明らかにするとともに、施策の策定に係る基本的な方針を掲げている。例えばリスク評価、リスク分析については下図のように分業され、「リスクの評価」「リスクの管理」「リスクの伝達」による食の安全の確保が強化されつつある。

　消費者は食のリスクから様々な手段によって守られている。しかし最終的な判断は私たち消費者にゆだねられている。食についても化学物質についても、正しい知識を身に着けることが、これまで以上に求められている。

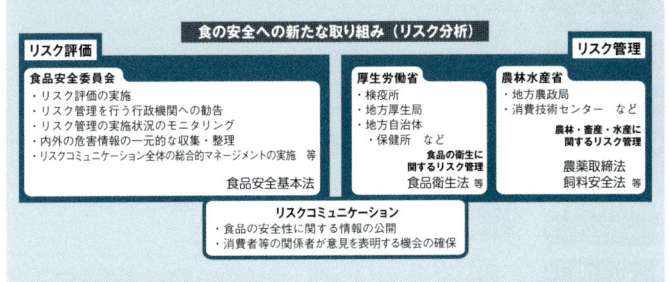

食の安全への新たな取り組み（リスク分析）

リスク評価

食品安全委員会
・リスク評価の実施
・リスク管理を行う行政機関への勧告
・リスク管理の実施状況のモニタリング
・内外の危害情報の一元的な収集・整理
・リスクコミュニケーション全体の総合的マネージメントの実施　等
食品安全基本法

リスク管理

厚生労働省
・検疫所
・地方厚生局
・地方自治体
　・保健所　など
食品の衛生に関するリスク管理
食品衛生法 等

農林水産省
・地方農政局
・消費技術センター　など
農林・畜産・水産に関するリスク管理
農薬取締法
飼料安全法 等

リスクコミュニケーション
・食品の安全性に関する情報の公開
・消費者等の関係者が意見を表明する機会の確保

出典：厚生労働省資料より（http://www.mhlw.go.jp/topics/bukyoku/iyaku/syoku-anzen/dl/pamph01c.pdf）

3-4 公害対策

一言でいうと

　国民の健康保護と生活環境の保全を目的として、工場や自動車等から排出される有害物質等を規制することにより、大気汚染を防止するための法令

法令名	大気汚染防止法
仮英名	Air Pollution Control Act
略　称	大防法（たいぼうほう）
制定日	1968（昭和43）年6月10日法律第97号 1970年12月25日公布、1971年6月24日施行
所管当局	環境省
目　的	工場及び事業場における事業活動並びに建築物等の解体等に伴うばい煙、揮発性有機化合物及び粉じんの排出等を規制し、水銀に関する水俣条約の的確かつ円滑な実施を確保するため工場及び事業場における事業活動に伴う水銀等の排出を規制し、有害大気汚染物質対策の実施を推進し、並びに自動車排出ガスに係る許容限度を定めること等

により、大気の汚染に関し、国民の健康を保護するとともに生活環境を保全し、並びに大気の汚染に関して人の健康に係る被害が生じた場合における事業者の損害賠償の責任について定めることにより、被害者の保護を図る（法第1条）。

● 制定・改正の歴史 ●

　明治時代には、富国強兵や殖産興業政策による近代的な産業育成の弊害として鉱工業等により環境が汚染された。例えば別子銅山（愛媛県）からのばい煙による煙害や、群馬県安中の亜鉛精錬所からのばい煙中に含まれるカドミウムの田畑への流出が挙げられ、多くの人たちの病気の原因となった。戦後は、高度経済成長に伴い多くの公害が発生した。石油コンビナート近接地域に呼吸器疾患患者が多数発生した四日市ぜんそく（1961年）はいわゆる四大公害病の1つといわれ、これを契機にして、1962年にばい煙の排出の規制に関する法律（ばい煙規制法）が制定された。この法令はばいじんについては相当の効果があったが、硫黄酸化物に対する規制は緩く、大気汚染問題の全面的な解決には至らなかった。1968年に、ばい煙規制法を強化した大気汚染防止法が制定され、硫黄酸化物及び窒素酸化物の総量規制、自動車排出ガスの規制、有害物質の規制等が立て続けに実施されるに至った。

1970年改正：　産業との調和条項の削除、規制地域を廃止し全国的な規制の導入、規制対象有害物質の追加、ばい煙の排出基準違反に対する罰則規定の導入等。

1972年改正： 事業者の損害賠償責任を追加し被害者の保護を明確化、損害賠償の条文を設け無過失責任*を明記。

1974年改正： 硫黄酸化物の総量規制方式を導入。

1996年改正： 有害大気汚染物質のうち排出または飛散を早急に抑制しなければならない物質を指定、原動機付き自転車を排出ガス規制の対象に追加、建築物の解体現場等からのアスベスト飛散防止対策を追加、事故時の措置を追加。

2004年改正： 浮遊粒子状物質や光化学オキシダントに係る大気汚染を防止するため、その原因物質の1つである揮発性有機化合物 (VOC) の排出・飛散抑制を追加。

2015年改正： 水銀大気排出規制を追加 (水銀に関する水俣条約の採択を受けて)。

義　務

事業者の義務

- 基準値の遵守。ばい煙規制、揮発性有機化合物排出規制等、粉じん規制においてそれぞれ定められた排出基準を遵守
- 有害大気汚染物質として指定されている物質 (可能性のある物質248種類、優先取組物質23種類) について排出抑制、及び一部の物質については自主管理計画を作成

有害大気汚染物質対策の推進

- 国の施策：科学的知見の充実、健康リスク評価の公表等
- 地方公共団体の施策：汚染状況の把握、情報の提供等

---

*不法行為において損害が生じた場合、その行為に故意・過失が無くても、加害者が損害賠償の責任を負うこと。

- 事業者の責務：排出状況の把握、排出抑制等
- 国民の努力：排出抑制等

●　具体例　●

　自社でこれまで取り扱っていなかった新たな揮発性有機化合物を扱うことになりました。この物質は大気汚染防止法の揮発性有機化合物に該当しており、自社工場で使用後、排出される可能性があります。

　⇒この場合、工場が所在する地方自治体へ揮発性有機化合物排出施設としての届出を行い、承認を得る必要があります。

表3-10　法に基づく物質の区分と例

有害大気汚染物質（248物質）	低濃度であっても長期的な摂取により健康影響を生ずる恐れのある物質。該当する可能性のある物質
優先取組物質（23種類）	特に優先的に対策に取り組むべき物質
自動車排出ガス	一酸化炭素、炭化水素、鉛化合物、窒素酸化物、粒子状物質
特定物質（28物質）	物の合成、分解その他の化学的処理に伴い発生する物質のうち、人の健康または生活環境に係る被害を生ずる恐れがある物質（施行令第10条を参照）
ばい煙	硫黄酸化物、ばいじん、有害物質（カドミウム及びその化合物、塩素及び塩化水素、弗素、弗化水素及び弗化珪素、鉛及びその化合物、窒素酸化物）
粉じん	一般粉じん、特定粉じん（石綿）
揮発性有機化合物	大気中に排出または飛散したときに気体である有機化合物（浮遊粒子状物質及びオキシダントの生成原因とならない物質として政令で定める物質を除く）

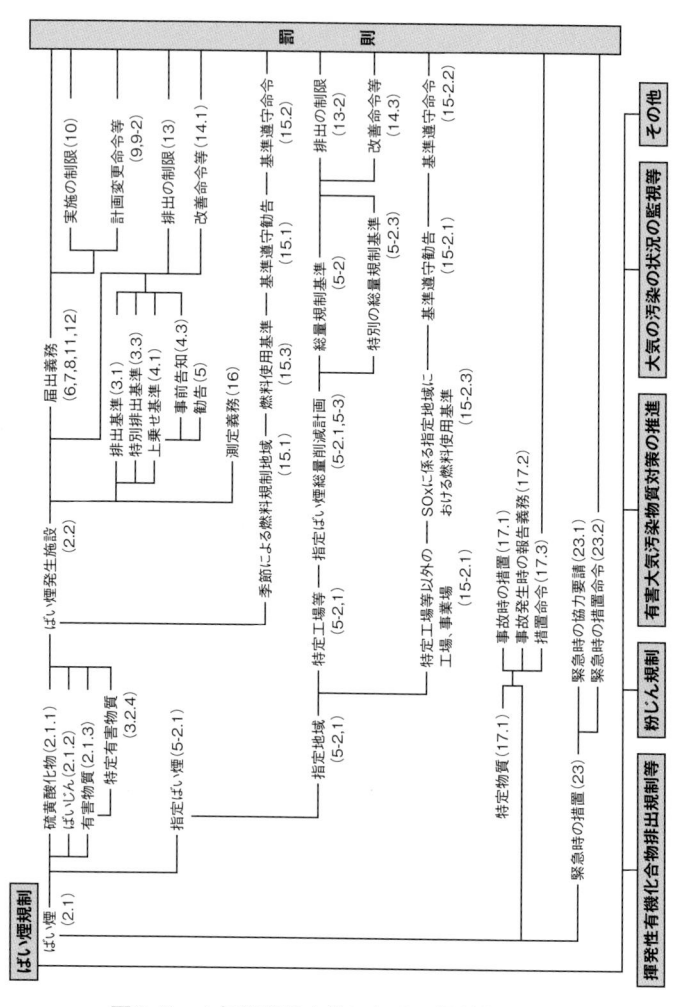

図3-3　大気汚染防止法における規制等の体系

（　）内の数字は法の条項を指す。

環境省資料（https://www.env.go.jp/air/info/pp_kentou/pem01/mat02_1.pdf）をもとに作成。

b. 水質汚濁防止法

一言でいうと

有害物質等を含む排水の公共用水域への排出及び地下水への浸透を規制するため、水質基準の遵守や施設の届出制度等を定めた法令

法令名	水質汚濁防止法
仮英名	Water Pollution Prevention Act
略　称	水濁法（すいだくほう）
制定日	1970（昭和45）年5月22日法律第138号
	1970年12月25日公布、1971年6月24日施行
所管当局	環境省
目　的	工場及び事業場から公共用水域*に排出される水の排出及び地下に浸透する水の浸透を規制するとともに、生活排水対策の実施を推進すること等によって、公共用水域及び地下水の水質の汚濁の防止を図り、もって国民の健康を保護するとともに生活環境を保全し、並びに工場及び事業場から排出される汚水及び廃液に関して人の健康に係る被害が生じた場合における事業者の損害賠償の責任について定めることにより、被害者の保護を図る（法第1条）。

＊河川、湖沼、港湾、沿岸海域その他公共の用に供される水域及びこれに接続する公共溝渠、かんがい用水路その他公共の用に供される水路。

● 制定・改正の歴史 ●

　明治時代以降の産業近代化、戦後の産業復興、その後の経済発展に伴う工業化や都市化の進行とともに、大都市を中心として河川等の水質汚濁が拡大し続けた。1958年に江戸川の工場排水による漁業被害を巡って操業停止を求める漁民約700名が工場で乱闘するという事件を受け、水質汚濁防止の立法化の必要性が認識され、同年12月に旧水質二法（水質保全法、工場排水規制法）が制定された。しかし旧水質二法では規制範囲が限定的であったことから12年後の1970年に水質汚濁防止法が成立した。本法は全国一律の規制及び罰則を設けており、産業公害に起因する水質汚濁の防止や改善を大きく進展させることになる。

1972年改正：　無過失賠償責任*¹の導入。

1978年改正：　閉鎖性海域における総合的な対策の導入、汚染負荷量による総量規制*²等の導入。

1989年改正：　地下水浸透規制、事故時措置の導入。

1990年改正：　生活排水対策の導入。

1996年改正：　地下水汚染に対する浄化措置命令の導入、事故時措置の拡充。

2013年改正：　有害物質の工場等からの漏洩による地下水汚染が増えてきたことを受け、未然防止のための実効ある取組みの推進を図る必要性が出てきたことから次の3点を追加・

＊1　80ページの脚注を参照。
＊2　濃度基準のみの規制では環境基準の達成が難しい、人口・産業が集中する地域を対象として汚濁負荷を総合的に削減する制度のこと。濃度ではなく、含まれている量で規制される。

強化。

- 対象施設の拡大：有害物質を貯蔵する施設等の設置者による事前届出の義務化
- 構造等に関する基準遵守義務等：有害物質の使用・貯蔵等を行う施設の設置者が構造等に関する基準を遵守する義務の追加
- 定期点検の義務の創設：有害物質の使用・貯蔵等を行う施設の設置者による施設の構造・使用方法に関する定期点検の義務化

義　務

事業者の義務

- 汚水を排出する施設（特定施設）を設置する工場・事業場（特定事業場）から公共用水域へ排出される排出水について定められた全国一律の基準を遵守
- 汚濁発生源が集中するなど国が定める排水基準によって環境基準を達成することが困難である水域では、都道府県が条例により定めた全国一律の基準よりも厳しい排水基準（上乗せ基準）を遵守
- 特定施設の設置・構造等の変更等に関する事前の届出や排出水の濃度等の測定・結果の記録を保存

都道府県

- 生活排水対策が特に必要と認められる地域を生活排水対策重点地域として指定し、重点地域内では浄化槽設置や生活排水対策の普及啓発を推進

- 汚濁発生源が集中するなど国が定める排水基準によって環境基準を達成することが困難である水域では、条例により全国一律の基準よりも厳しい排水基準を設定

排水基準

- 排水基準に適合しない排出水を排出してはならない

  →排水基準違反の件数や項目は毎年公開されている。2017年度は、生コンクリート製造業（1件）で、水素イオン濃度（pH）の基準超過が挙げられている。

  このほか、事故時等の措置及び緊急時の措置、生活排水対策重点地域の指定、水質総量削減（排出濃度だけでなく総量としても制限するもの）などが規定されている。

● **具体例** ●

自社は有機ゴム薬品製造業者です。蒸留施設、分離施設、排ガス洗浄施設を有しています。これらの施設は水質汚濁防止法の「特定施設」に指定されており（施行令別表第1）、都道府県に届出済みです。またベンゼン（水質汚濁防止法　有害物質）を貯蔵しているため「指定施設」にも該当します。このたび施設の破損によりベンゼンを含む水が河川に排出された可能性があることが発覚しました。応急措置は行いましたが排出された可能性は否めません。

⇒この場合、都道府県知事に届出を行うことが望まれます*。

＊法令では「排出され、人の健康や生活環境に被害を生ずる恐れがあるとき」とされていますが、その際の濃度や量に規定はなく、「恐れ」があるかどうかについても、事業者に判断がゆだねられています（環境省ウェブサイトQ&A）。

コラム 〉 「汚濁」と「汚染」

　法律用語では、似たような単語でも意味する内容が異なることがある。日常会話などでは単語の厳密な定義を気にする機会は少ないと思われるが、法律用語として用いる場合には、慎重に言葉を選ぶ必要がある。例として、「汚濁」と「汚染」を示す。

汚濁：公共用水域、地下水等の自然環境の汚れを表現する場合に用いる

汚染：特定事業所・工場等から排出される排出水の汚れを表現する場合に用いる

　環境に関する法令である「大気汚染防止法」「土壌汚染対策法」「水質汚濁防止法」「水銀汚染防止法」でも使い分けがなされている。なお、英語では両方とも"pollution"である。

　下水道法、海洋汚染防止法、その他の法令では、また別の用語も使われている（排除、余水、放流水）。

コラム ＞ 各法令の環境基準について

　大気汚染防止法、水質汚濁防止法、土壌汚染対策法、……とそれぞれの法令があるが、「環境基準はどこで決められているのだろう？」「一貫性はあるのだろうか？」などと疑問に思うかもしれない。以下の図に示すように、種々の法令の土台となる環境基本法において、大気、水質、土壌等のそれぞれの「環境基準」が定められており、その「基準の運用」「基準の確保」をそれぞれの法令で行っていると考えるとわかりやすいだろう。ちなみに「環境基準」とは、「人の健康を保護し、生活環境を保全するうえで維持されることが望ましい基準」として定められたものであり、環境保全対策を総合的に実施するための目標となる（環境省）。

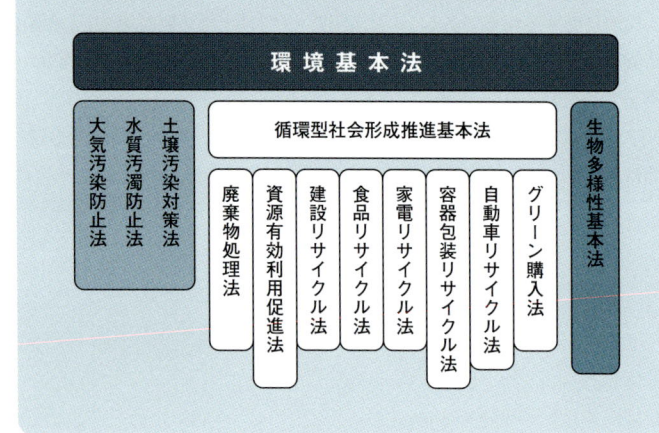

c. 土壌汚染対策法

一言でいうと

土壌汚染による人の健康被害を防止するために、有害物質の含有基準、土壌汚染調査、公開の規定、事前届出制度等を定めた法令

法令名 土壌汚染対策法

仮英名 Soil Contamination Countermeasures Act

略 称 土対法（どたいほう）

制定日 2002（平成14）年5月22日法律第53号
2002年5月29日公布、2003年2月15日施行

所管当局 環境省

目 的 土壌の特定有害物質による汚染の状況の把握に関する措置及びその汚染による人の健康にかかる被害の防止に関する措置を定めること等により、土壌汚染対策の実施を図り、もって国民の健康を保護する（法第1条）。

改正の歴史

土壌汚染への対策は、「未然防止」と浄化等の「対策」に分けられる。汚染の未然防止については水濁法や廃掃法により一定の対策が進められていたが、すでに発生した汚染への対策を十分に行う法的拘束力を伴う仕組みは存在せず、「公害対策基本法で定義されたいわゆる典型七公害（大気汚染、水質汚濁、土壌汚染、騒音、振動、地盤沈下、悪臭）のうち、土壌汚染だけは法

規制がない」と言われてきた。21世紀に入り農用地、工場跡地、市街地等それぞれにおいて土壌汚染が顕在化し始め、市街地等の調査が進むにつれて土壌汚染の発見件数が増加したため、土壌汚染対策法が公布されるにいたった。

2009年改正：　当時確認された土壌汚染の9割近くは法や条例に基づかない自主的な土壌調査により発覚したものだった。汚染が発覚すると、多くは掘削除去という多額の費用がかかる方法で除去対策を取らなければならないが、法的な義務がなかったため汚染土壌は不適切に処理されてきた。このため大きく次の点が変更された。

- 行政は、法による調査機会を拡大し、管理・指導の強化に努める
- 自主調査で確認された汚染でも適正な土壌調査が実施され行政に報告されれば指定区域となる
- 行政が、健康リスクの判断、指定区域の区分、措置の指導を行うことにより、安易な掘削除去措置を防止する
- 罰則を強化し、汚染土壌のトレーサビリティーを確保し（処理業者に搬出する際の管理票の公布と保存を義務化）、浄化施設（汚染土壌を処理するための処理業）を許可制にすることにより汚染土壌の適正な処理を促進する

2017年改正：　前回の改正から8年がたち、2009年改正法の施行状況を点検した結果、土地の汚染状況の把握や汚染除去等の措置におけるリスク管理が不十分であることが課題として挙げられた。操業を続けている工場における汚染調査が猶予されているために汚染の把握が不十分なケースがあった

り、汚染除去が必要であるにもかかわらず汚染のリスクが管理されていないケースがあったりするなどの状況が明らかになった。そこで以下の点が見直された。

- 土壌汚染状況調査の実施対象を拡大（猶予されている土地であっても形質変更*を行う場合には届出を義務化）
- 汚染除去等の措置が必要な区域について都道府県知事による計画提出命令の発令を追加
- リスクに応じた規制の合理化
  →健康被害の恐れがない土地の形質変更は工事ごとの事前届出に代えて年1回程度の事後届出を可とする
  →基準不適合が自然由来等による土壌は、届出後に特定の基準を満たす区域への移動も可とする

● 義 務 ●

土壌汚染調査

　汚染状況を把握するため、有害物質を取り扱っていた工場を廃止する場合や、一定規模以上の土地の形質変更届出時等に、土壌汚染の恐れや健康被害を生ずる恐れがあると知事等が認めた場合には、土地の所有者に土壌汚染の状況を調査することが義務付けられる。

区域等の指定

　調査の結果、汚染の状況が指定基準を超過していることがわかった場合には、知事等が要措置区域、または形質変更時要届出区域等に指定し、事業者に汚染除去等の措置の履行や届出等

---

*土地の形状を変更する行為全般を指し、掘削及び盛土等を含む。

が義務付けられる。

● **具体例** ●

　研究・実験施設を売却することになりました。この施設では研究時に水銀等を取り扱っていたことから、土壌汚染対策法に基づき、土壌汚染調査を実施しました。その結果、鉛、水銀、六価クロムの汚染と自然由来と考えられるヒ素の基準超過が判明しました。

　土地売却者はこの調査結果を購入者に伝え売却しました。土地購入者はその後、デベロッパーと相談し、土地購入後に地下3mまで掘削除去し、3m以深に関して、一部の範囲は建物基礎部を活用して被覆する封じ込め措置を行って、分譲マンションを建設しました。分譲マンション購入者に対しては重要事項説明書により、封じ込めの構造の安全性等について十分な説明を行い、理解を得ることができました。

　この事例において土壌汚染対策法の範囲は、封じ込め措置を実施するところまでですが、過去に汚染されていた土地に住むことになる住民にとっては不安や心配もあるでしょう。法令の遵守は最低限の義務であり、法令で賄われない部分に対しては事業者の自主的な取組みが求められます。特にリスクコミュニケーション（今回の場合、安全性の理解を得ること）は大切です。

表3-11 法に基づく物質の区分と例

第一種特定有害物質（揮発性有機化合物）12物質	主に石油を原料とした塩素系の有機溶剤及び塩素を含まないベンゼンなど。土壌溶出量基準[*1] (mg/L) が定められている
第二種特定有害物質（重金属等）9物質	鉛化合物、カドミウム化合物等の重金属等。土壌溶出量基準 (mg/L) 及び土壌含有量基準[*2] (mg/kg) が定められている
第三種特定有害物質（農薬等）5物質	土壌溶出量基準 (mg/L) が定められている

[*1] 汚染土壌から特定有害物質が地下水に溶出し、その地下水を飲用することによる健康リスクを対象とした基準。土壌の10倍量の水で振とう後に測定。

[*2] 特定有害物質が含まれる汚染土壌を砂場遊びなどで直接摂取することによる健康リスクを対象とした基準。重金属類ごとに測定方法が異なる。

コラム 〉 土壌汚染「対策」法

　環境に関連する法令には、土壌汚染対策法のほか、大気汚染防止法や水質汚濁防止法が挙げられる。この3つを並べてみたとき、そのネーミングについて何か気が付くことがあるだろうか。賢明な読者はすぐに気が付かれたと思われるが、土壌汚染は「対策」、大気汚染と水質汚濁は「防止」する法令となっているのである。これにはいくつか理由はあるが、まず土壌汚染対策法の成立時期から考えてみよう（土対法：2002年、大防法：1968年、水濁法：1970年）。他の2つと比べ歴史が浅いことから、土壌汚染の「防止」は土対法ができる前の既存の法令で対応していたと考えられる。具体的には、水濁法による有害物質の地下水浸透の未然規制、廃掃法による廃棄物の埋め立て方法の規制による土壌汚染の未然防止である。

　つづいて土壌汚染の物理的な側面から考えてみよう。土壌汚染は目に見えにくいものであり、未然に防止することが容易でなく、対策に重点が置かれがちなのである。とはいえ予防的取組みが様々な分野で叫ばれる中、土壌汚染についても未然防止が求められており、環境省は「土壌汚染の未然防止等マニュアル」*を公開して人的な要因による漏洩等により新たな土壌汚染が生じないよう事業者への啓発を進めている。

＊環境省：https://www.env.go.jp/water/dojo/man_preventive/manual.pdf

d. 水銀汚染防止法

一言でいうと

水銀に関する水俣条約を国内で運用するための法令。水銀による環境汚染を防止するために水銀の使用を規制し報告を求めるもの

法令名 水銀による環境の汚染の防止に関する法律

仮英名 Act on Preventing Environmental Pollution of Mercury

略　称 水銀法（すいぎんほう）、水銀汚染防止法

制定日 2015（平成27）年6月19日公布（法律第42号）
2017年8月16日施行

所管当局 環境省、経済産業省

目　的 水銀が、環境中を循環しつつ残留し、及び生物の体内に蓄積する特性を有し、かつ、人の健康及び生活環境に係る被害を生ずるおそれがある物質であることに鑑み、国際的に協力して水銀による環境の汚染を防止するため、水銀に関する水俣条約の的確かつ円滑な実施を確保するための水銀鉱の掘採、水銀使用製品の製造等、特定の製造工程における水銀等の使用、水銀等を使用する方法による金の採取、特定の水銀等の貯蔵及び水銀含有再生資源の管理の規制に関する措置その他必要な措置を講ずることにより、廃棄物の処理及び清掃に関する法律その他の水銀等に関する規制について

規定する法令と相まって、水銀等の環境への排出を抑制し、もって人の健康の保護及び生活環境の保全に資する（法第1条）。

◆ 補 足 ◆ 水俣条約が規制する範囲は、水銀の「貿易」「使用」「大気への放出」「一次採掘」「廃棄」である。このうち「貿易」（輸出貿易管理令）、「大気への放出」（大防法）、「廃棄」（廃掃法）については、それぞれ既存の法令の改正でカバーできる。残りの「使用」と「一次採掘」が水銀法の対象範囲である。

「水銀等」とは、水銀元素（CAS：7436-97-6）と水銀化合物を指す。

● 施行までの経緯 ●

一般的に国際条約は、締約国数が50か国に達すると90日後に発効する。水俣条約については、日本は国内で運用するための法整備を行ったうえで、2016年2月2日に条約を批准し23か国目の批准国となった。その後、2017年5月18日に50か国に達し、その90日後の8月16日に条約が発効し、日本の水銀汚染防止法も発効するに至った。

なお「水俣条約（Minamata Convention）」という名称については、水俣病のような健康被害や環境破壊を繰り返してはならないとの決意が込められている。水俣病*を経験した日本が世界の水銀対策に主導的に取り組んできたことが影響している。

---

*1956年に公式に報告された公害。化学工場から環境中に排出されたメチル水銀化合物を、環境中の魚介類が体内に吸収し、または食物連鎖を通じて高濃度に体内に蓄積し、これを食した住民の間に発生した中毒性の神経疾患。

● **義　務** ●

- 水銀等による環境の汚染の防止に関する計画を策定する
- 水銀鉱の掘採を禁止する
- 特定の水銀使用製品について、許可を得た場合を除いて製造・輸入を禁止し、部品としての使用を制限するなどの所要の措置を講じる
- 特定の製造工程における水銀等の使用を禁止する
- 水銀等の貯蔵に係る指針を定め、水銀等を貯蔵する者に対し定期的な報告を求める
- 水銀含有再資源の管理に係る指針を決め、水銀含有再資源を管理する者に対し定期的な報告を求める
- その他、罰則等所要の整備を行う

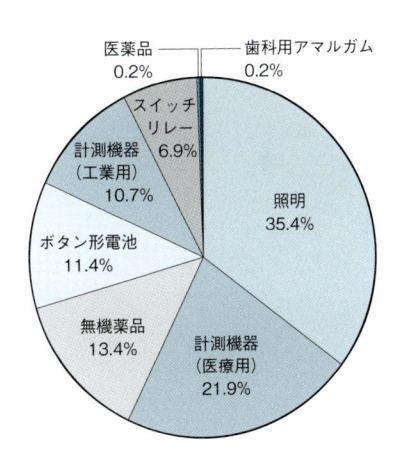

図3-4　水銀の需要

出典：我が国の水銀に関するマテリアルフロー（2010年度ベース、2016年度更新）

コラム ❯ 水銀温度計

　水銀は蛍光灯や電池など日常的に接する製品に含まれるものであり、身近な存在といえるものだった。ここでは水銀温度計を取り上げる。

　水銀温度計は体温計として家庭で用いられるほか、理科の実験でも使われている。温度が高くなると膨張する水銀の性質を利用して温度を測定するものである。熱が伝わった水銀の膨張具合を、管の表面に記された目盛から読み取れば温度がわかる。なお赤い液体が入った温度計もよく目にするが、これは水銀ではなく、石油系の感温液を赤く着色したものである。

　2020年末からガラス製の水銀温度計の製造と輸入が禁止されるが、使用することは規制されていない。また製造・輸入についても、標準機としての使用を目的としたものや、水銀を含まない製品によって代替ができないものなどは対象外である（例えば水銀含有量2%未満のボタン形空気亜鉛電池。補聴器等に使用される）。

　日本では比較的適切に管理されてきた一方で、世界レベルでは金の採掘に用いられ、特に途上国では深刻な健康問題・環境問題につながってきた。これを防止するため、いまさらながら水俣条約が発効し、各国でそれぞれ運用されつつある。

3-5 危険性、危機管理

a. 消防法

一言でいうと

火災・爆発や漏洩事故で危険が発生する化学物質を危険物に指定し、指定数量以上の貯蔵、取扱いを規制する法令

法令名	消防法
仮英名	Fire Service Act
制定日	1948(昭和23)年7月24日法律第186号
所管当局	総務省
目 的	「火災を予防し、警戒し及び鎮圧し、国民の生命、身体及び財産を火災から保護するとともに、火災又は地震等の災害に因る被害を軽減し、もつて安寧秩序を保持し、社会公共の福祉の増進に資すること」を目的とする(法第1条)。

● 改正の歴史 ●

悲惨な火災事故の歴史が、そのまま消防法改正の歴史となっている。1964年に勝島倉庫(東京都)で無届貯蔵の硝化綿から爆発火災が発生し危険が指摘されたのを期に、危険物取扱施設

の強制査察等、消防の措置命令権が強化された。

　1980年の東海倉庫火災（愛知県）では、貯蔵されていた同法規制外の毒劇物から有毒ガスが発生し、消火活動が難航した。この事例を教訓として、有毒ガスを発生する毒劇物を貯蔵している旨を消防署に届け出て、消防署がその量、危険性等を把握できるように消防法施行令が改正された。

2012年改正：　東日本大震災の教訓を踏まえ、大規模・高層ビルを中心にビル全体の防災管理を強化する必要性が高まるとともに、建築物全体の防火管理体制があいまいな雑居ビル等を中心として多数の死者を伴う火災被害が頻発してきたこと、不法な消防用機器等が市場に流通してきたことなどを受け、建築物全体の防火・防災管理者の選任を義務付け、消防機関に火災原因と疑われる製品の調査権等を付与するなどの改正が行われた。

● 義　務 ●

危険物を扱う場合の義務として以下がある。

(1)　製造所等の設置前に設置許可を受ける（法第11条第1項）

(2)　製造所等の位置、構造、設備の変更時に変更許可を受ける（同上）

(3)　一度許可を受けた内容（具体的には、火災の予防規程）を変更する場合にはあらためて許可を受ける（法第14条の2第1項）

(4)　対象として定められている建物に消火設備、警報設備、避難設備、消防活動用設備を基準に従って設置する

(5)　消防設備は消防設備士または消防設備点検資格者が点検を

行い、所轄の消防署長へ総合点検結果を報告する

(6)　大量危険物を貯蔵・取り扱う事業所では自衛消防隊を編成する

(7)　指定数量以上の危険物の取扱いを禁止する

● 具体例 ●

自社の工場で、これまで扱ったことのない新しい物質を購入し、使用及び貯蔵することになりました。納入元のサプライヤーからは "消防法上の危険物です" と聞いています。

⇒この場合、消防法上の次の対応を事前にとる必要があります。

- 危険物貯蔵の許可の取得
- 建物等の施錠を行い十分な保管管理を実施
- 消火設備、警報設備、避難設備、消防活動用設備を基準に従って設置
- 消防署への定期報告
- 大量危険物を貯蔵・取り扱う場合には、自衛消防隊の編成

表3-12　消防法の危険物分類

類　別	性　質	性質の概要
第一類	酸化性固体	他の物質を酸化させる性質を有し、可燃物と混合したとき、熱等によって分解することにより極めて激しい燃焼を起こさせる危険性を有する固体
第二類	可燃性固体	火災により着火しやすい固体または比較的低温(40℃未満)で引火しやすい固体
第三類	自然発火性物質及び禁水性物質(固体または液体)	空気に曝されることにより自然に発火する危険性を有するものまたは水と接触して発火し、もしくは可燃性のガスを発生するもの
第四類	引火性液体	引火性を有する液体(第三石油類、第四石油類、動植物油類は1気圧20℃で液状であるものに限る)
第五類	自己反応性物質(固体または液体)	熱分解等の自己反応により、比較的低い温度で多量の熱を発生し、または爆発的に反応が進行するもの
第六類	酸化性液体	そのもの自体は燃焼しないが、混在するほかの可燃物の燃焼を促進する性質を有する液体
指定可燃物		わら製品、木毛その他の物品で火災が発生した場合にその拡大が速やかであり、または消火の活動が著しく困難となるものとして政令で定めるもの

コラム ▶ 危険物取扱者試験

　一定数量以上の危険物を貯蔵又は取り扱う事業所では、国家資格である危険物取扱者を置く必要がある。そのため、該当事業場に配属される従業員に危険物取扱者資格の取得を奨励している企業も多いと思われる。職場の先輩方の中には、急に当事者になって慌てて受験勉強を始め、「住宅から10m以上の保安距離」「給油取扱所の塀の高さは3m以上」等、そのときには目的や意味がわからない規定が続出したものの、ひたすら暗記して合格したという方もおられるはずだ。資格を取得された方からは、「受験後に、実際に取扱い現場で作業を行ってみると、以前とは危険物に対する意識が変わっていることに驚いた」という声もよく聞く。「いつもよりドラム缶が多いけど、指定数量は大丈夫かな」「この防火壁、低いような気がするけど」等、具体的に法規に即した疑問が出るようになったのだろう。

　消防法の危険物は、過去に重大事故の原因となった化学物質ばかりだ。危険物取扱者試験の受験により、危険を予測できるようになる意識変化があり、結果として安全に化学物質を使うことにつながる。これも、日本人の気質に合った化学物質管理といえるのではないだろうか。

b. 高圧ガス保安法

一言でいうと

高圧ガスによる災害を防止するため、高圧ガスの製造、貯蔵、販売、輸入、移動、消費、廃棄等を規制する法令。さらに民間企業や業界団体による自主的な活動の促進にも言及している

法令名	高圧ガス保安法（旧：高圧ガス取締法）
仮英名	High Pressure Gas Safety Act
略称	高圧ガス法
制定日	1951（昭和26）年6月7日法律第204号
所管当局	経済産業省
目的	「高圧ガスによる災害を防止するため、高圧ガスの製造、貯蔵、販売、移動その他の取扱い及び消費並びに容器の製造及び取扱いを規制するとともに、民間事業者及び高圧ガス保安協会による高圧ガスの保安に関する自主的な活動を促進し、もって公共の安全を確保すること」を目的とする（法第1条）。
定義	一般には大気圧より圧力の高いガスを「高圧ガス」と呼ぶが、高圧ガス保安法においてはより広義のものも含む（**表3-13**を参照）＊。なおこれらの高圧ガスは、状態や物性によって異なる分類がなされている（**表3-14**、**3-15**を参照）。

＊国際的な高圧ガスの定義とは異なるため注意が必要。

表3-13　各種ガスの定義

高圧ガス (高圧ガス保安法)	圧縮ガス	常用の温度で圧力が1MPa以上になるもので、現に1MPa以上のもの。又は35℃で1MPa以上となるもの
	圧縮アセチレンガス	常用の温度で圧力が0.2MPa以上になるもので、現に0.2MPa以上のもの。又は15℃で0.2MPa以上となるもの
	液化ガス	常用の温度で圧力が0.2MPa以上になるもので、現に0.2MPa以上のもの。又は0.2MPaとなる場合の温度が35℃以下であるもの
	その他の液化ガス*	35℃で0MPaを超えるもの。つまりこれらの物質は、圧力がどの状態でも(たとえ圧力がゼロに限りなく近くても)高圧ガスに定義される
高圧ガス(GHS)		高圧ガスとは、20℃、200kPa(ゲージ圧)以上の圧力の下で圧力容器に充填されているガス、または液化または深冷液化されているガスをいう。高圧ガスには、圧縮ガス;液化ガス;溶解ガス;深冷液化ガスが含まれる

(注) 同法の1MPaは、高圧ガス取締法で定義されていた10 kgf/cm^{2}より若干高い圧力である(コラム参照)。

* : 液化シアン化水素、液化ブロムメチル、液化酸化エチレン。同法第2条第1〜3号で「高圧ガス」の定義が定められているが、この三物質は蒸気圧が低いため当てはまらないことがある。ただし、その毒性、可燃性、分解爆発性等の特性から同第3号該当物質と同等の危険性を有するものと考えられており、同第4号に高圧ガスとして定められている。

表3-14　状態による高圧ガスの分類

圧縮ガス	水素、酸素、窒素、メタン、エチレン、モノシラン、アルゴン等
液化ガス	(常温)　アンモニア、LPガス、二酸化炭素、塩素、ジシラン等
	(深冷)　液化酸素、液化窒素、液化天然ガス、液化エチレン等
溶解ガス	アセチレン(法令上は圧縮ガス)

表3-15 物性による高圧ガスの分類による主な例

可燃性ガス	水素、メタン、エタン、モノシラン、プロパン、アルシン等
支燃性ガス	空気、酸素、塩素等
不燃性ガス	窒素、アルゴン、ヘリウム、二酸化炭素等
毒性ガス	アンモニア、二酸化硫黄、塩素、アルシン、酸化エチレン等
可燃性・毒性ガス	一酸化炭素、アンモニア、アルシン、硫化水素等
特殊材料ガス	ジクロロシラン、四フッ化ケイ素、三塩化リン、スチビン等
特殊高圧ガス	モノシラン、ジシラン、アルシン、ホスフィン、ジボラン、モノゲルマン、セレン化水素

● 歴 史 ●

　1997年に「高圧ガス取締法」から「高圧ガス保安法」へと名前が変わるとともに、当時の規制緩和の流れを受けて本法も大幅に変更されることになった。

　改正当時の資料にも、政令改正の目的として「取締り行政からの脱却を目指し、事業者の自己責任原則の重視による自主保安の推進」と記されている。

　従来は公的機関による検査が義務付けられていたが、これが緩和され、事業者による自主検査が主流となったほか、高圧ガスとその容器の輸入届出の廃止、さらに高圧ガスの圧力単位を国際単位（SI単位系＝MPa、メガパスカル）に統一するなどの措置が取られた。海外では高圧ガスに対する規制法がないところもあり、自己責任によって高圧ガスの保安を担保しよう、自らの環境に対して自社の努力と責任で事故を防止しようという意識が推進されるきっかけにもなったと言える。

● 義　務　●

　高圧ガスを製造・貯蔵・販売する場合にはあらかじめ都道府県知事に申請し、許可を受ける必要がある。許可申請が必要な対象として、製造所の1日当たりの処理能力（0℃、0Paに換算した、1日に処理できるガスの容量）等、基準が別途定められている。

● 製造設備の許可申請　●

　製造開始の20日以上前に都道府県知事へ申請する。
要件：製造の目的、処理設備の性能・処理能力、製造設備の位　　　置及び付近の状況を示す図面、技術上の基準に関わる事項

● 貯蔵の許可　●

　貯蔵するガスの種類（第一種ガス*、不活性ガス）と貯蔵量により分類がなされ、第一種貯蔵の場合には貯蔵の許可を得る必要がある。

● 販売の許可　●

　都道府県知事への許可を申請するとともに、販売先にガスの種類等について周知することが求められている。

● その他　●

　製造・貯蔵・販売の許可申請に加え、高圧ガスの製造事業を

＊ヘリウム、ネオン、アルゴン、クリプトン、キセノン、ラドン、窒素、二酸化　炭素、フルオロカーボン（可燃性除く）が該当する。なお、第一種ガスに該当し　ないガスを第二種ガスという。

開始する場合にはその届出を、また輸入の場合にはその検査を
受けること、移動する場合には保安措置を徹底することなどが
定められている。さらに法令名にもあるように、保安検査を
1年に1回以上受けるほか、定期自主検査も1年に1回以上行う
こととされている。

表3-16　各行為に課せられる義務

事業／行為　《専門用語》	義　務
一定量以上の製造　《第一種製造》	都道府県からの許可が必要
大量の貯蔵　《第一種貯蔵》	
一定量以下の製造　《第二種製造》	都道府県への届出が必要
一定量以上の貯蔵　《第二種貯蔵》	
特別な消費　《特定消費》	
販売　《販売》	
その他の消費、貯蔵	法令・規則・基準の遵守が必要
移動、容器の所有・取扱い	

コラム ＞ 高圧ガスの単位の国際統一

　従来、高圧ガスに関する圧力単位としては「kg/cm^2」が用いられてきたが、1997年の改正により、国際単位であるSI単位系のメガパスカル「MPa」へと変更されることになった。この理由として、kg/cm^{2}からMPaへの換算が複雑であるという点が挙げられる。

　変更前は、基本的にkg/cm^{2}で表される数値に0.1をかけることでMPaに換算していた（例えば10 [kg/cm^2] ×0.1＝1 [MPa]）。しかし実際には10kg/cm^2＝1MPaとはならず微妙に差異が生じてしまう（実際に測定すると、10kg/cm^2＝0.980665MPaである）。法が複雑化することを避けるため単位を変えるに至った。

　MPaは高圧ガス保安法の定義（第2条）で用いられるほか、技術基準において圧力を表す際に用いられることが多い。なお、天気予報等で耳にするhPa（ヘクトパスカル）は微圧であり、高圧ガス保安法で使用することはほとんどない（1hPa＝100Pa、1MPa＝1000000Pa）。

3-6 その他

a. 毒物及び劇物取締法

一言でいうと

主として急性毒性による健康被害が発生する恐れが高い物質を毒物もしくは劇物に指定し、必要な規制を行う法令

法令名 毒物及び劇物取締法

仮英名 Poisonous and Deleterious Substances Control Law

略　称 毒劇法（どくげきほう）

制定日 1950（昭和25）年12月28日公布（法律第303号）

所管当局 厚生労働省

目　的 「毒物及び劇物について、保健衛生上の見地から必要な取り締まりを行うこと」を目的とする（法第1条）。

定　義 毒物、劇物は特定の判定基準に基づき、厚生労働大臣が指定する。一般的に、毒物の方が劇物よりも急性毒性が強いといえる。

表3-17 毒物、劇物の定義

分類		毒物	劇物
内容		法別表第1、指定令第1条に記載されている物質	法別表第2、指定令第2条に記載されている物質
判定基準	急性経口毒性	$LD_{50} \leqq 50mg/kg$	$50mg/kg < LD_{50} \leqq 300mg/kg$
	急性経皮毒性	$LD_{50} \leqq 200mg/kg$	$200mg/kg < LD_{50} \leqq 1000mg/kg$
	急性吸入毒性	ガス：$LC_{50} \leqq 500ppm$ (4h)	ガス：$500ppm$ (4h) $< LC_{50} \leqq 2500ppm$ (4h)
		蒸気：$LC_{50} \leqq 2.0mg/L$ (4h)	蒸気：$2.0mg/L$ (4h) $< LC_{50} \leqq 10mg/L$ (4h)
		ダスト、ミスト： $LC_{50} \leqq 0.5mg/L$ (4h)	ダスト、ミスト： $0.5mg/L$ (4h) $< LC_{50} \leqq 1.0mg/L$ (4h)
	皮膚		最高4時間までの曝露の後、試験動物3匹中1匹以上に皮膚組織の破壊、すなわち表皮を貫通して真皮に至るような明らかに認められる壊死を生じる場合
	目		ウサギを用いたDraize試験において、少なくとも1匹の動物で角膜、虹彩又は結膜に対する、可逆的であるとも予測されない作用が認められる、または、通常21日間の観察期間中に完全には回復しない作用が認められる。 または試験動物3匹中少なくとも2匹で、被験物質滴下後24、48及び72時間における評価の平均スコア計算値が角膜混濁 ≧3または虹彩炎 >1.5で陽性応答が見られる場合

判定

毒劇物の候補は毎年公表され、ヒアリングや審査会を経て追加される。化学品が毒劇物に該当するかどうかを判定する

にあたっては、自社製品の情報を準備すれば、以下の公開デー
タベースで検索することが可能である。

　○準備するもの：

　　製品中含有成分の名称、その濃度、そのCAS番号、SDS（安
　　全データシート）

　○公開データベース：

　　国立医薬品食品衛生研究所「毒物劇物の検索」

　　(http://www.nihs.go.jp/law/dokugeki/dokugekisearch.html)

　　製品評価技術基盤機構「化学物質総合情報提供システム」

　　(http://www.safe.nite.go.jp/japan/db.html)

●　義　務　●

- 毒劇物の製造業、輸入業、販売業の登録
- 毒劇物取扱責任者の設置
- 毒劇物販売（譲渡）の際に、必要事項を書面に記載し記録保管
- 毒劇物の盗難、紛失、遺漏等の防止のための対策
- 毒物又は劇物の容器及び被包において決められた表示を行う
- 毒物又は劇物を販売又は授与する場合、SDSを提供する（一
  般消費者向けもしくは200mg以下の劇物販売の場合は免除）

＊（義務ではないが）毒物又は劇物に判定された物質の製剤については、製剤中の配
　合（該当物質が特定の濃度未満であること）に関する安全性データを添えて普通物へ
　の除外（毒劇物指定からの除外）を申請することができる。

コラム ＞ 「毒物・劇物」と「毒薬・劇薬」

　毒物と劇物は、厚生労働大臣が「毒劇法」に基づいて指定している。一方の毒薬と劇薬は医薬品の分類の1つで、同じく厚生労働大臣が「医薬品医療機器等法」に基づいて指定するものである。「毒薬・劇薬」は「毒物・劇物」とは異なりヒトや動物に摂取される可能性の高いものであり、副作用等の危害を起こしやすいと言える。なお英語ではそれぞれ以下のように表記される（医薬品製造販売用語事典より）。

毒劇法
　「毒物」：Poisonous substances
　「劇物」：Deleterious substances
医薬品医療機器等法
　「毒薬」：Poisonous drugs
　「劇薬」：Powerful drugs

英単語から想起されるイメージからは誤認を招きかねない語句もあり、専門用語の翻訳作業には注意が必要だ。

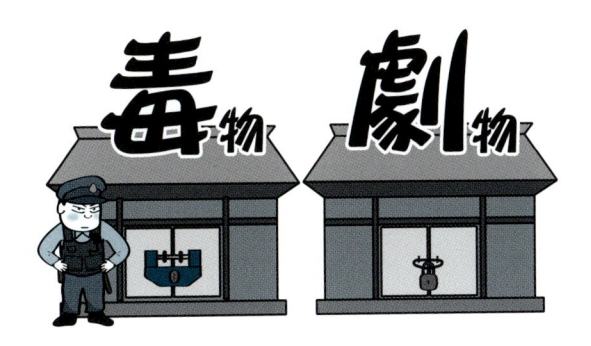

b. 化学兵器禁止法

一言でいうと

化学兵器禁止条約（化学兵器の開発、生産、貯蔵及び使用の禁止並びに廃棄に関する条約）及び爆弾テロ防止条約（テロリストによる爆弾使用の防止に関する国際条約）を国内で運用するための法令。特定の物質について化学兵器としての製造や使用等を規制し報告を求めるもの

法令名 化学兵器の禁止及び特定物質の規制等に関する法律

仮英名 Act on Prohibition of Chemical Weapons and Control, etc. of Specific Chemicals

略 称 化兵法（かへいほう）、化学兵器禁止法

制定日 1995（平成7）年4月5日公布（法律第65号）

所管当局 経済産業省

目 的 化学兵器の開発、生産、貯蔵及び使用の禁止並びに廃棄に関する条約（化学兵器禁止条約）及びテロリストによる爆弾使用の防止に関する国際条約の適確な実施を確保するため、化学兵器の製造、所持、譲渡し及び譲受けを禁止するとともに、特定物質の製造、使用等を規制する等の措置を講ずることを目的とする（法第1条）。

● 施行までの経緯 ●

一般に国際条約は、締約国数が50か国に達すると90日後に発効する。国際条約である化学兵器禁止条約（CWC）は1993年に署名され、1997年4月29日に発効した多国間条約である。日本の化兵法は1995年5月5日に施行されており、国際条約の発効に先行して日本国内の法令が施行された特殊な法令ともいえる。この背景には1995年3月20日に発生した地下鉄サリン事件*1等の再発防止が急務であったことが挙げられる*2。

化学兵器禁止条約上の諸手続きの義務については、その発効年（1997年）に追加されており、自国の規制を優先しつつ運用されている。

表3-18　化学兵器に関連する事故等の歴史

時期	使用国等	被害国等	剤種
BC5世紀	スパルタ	アテネ	亜硫酸ガス
1915年	ドイツ	ベルギー、連合軍	塩素ガス
1917年	ドイツ	ベルギー、連合軍	マスタード
1925年	化学兵器使用禁止議定書		
1960年	エジプト	北イエメン軍	マスタード
1980-1988年	イラク	イラン	神経剤、マスタード
1980年代末	イラク	クルド人	神経剤
1993年	化学兵器禁止条約調印→1997年発効		
1994年、1995年	民間団体	長野県松本市、東京都心	サリン

出典：総務省消防庁（http://www.fdma.go.jp/neuter/about/shingi_kento/h24/gijutsu_koudoka/02kyujo/shiryo5-2.pdf）

---

*1　1995年3月20日、東京都心の地下鉄内で毒ガスであるサリンがまかれ、多くの人が犠牲になった事件。

*2　経済産業省化学物質管理課　http://www.meti.go.jp/policy/chemical_management/cwc/domestic_outline.html

表3-19　物質の定義

名称（化兵法）		定　義	【参考】条約
毒性物質		人が吸入し、又は接触した場合に、これを死に至らしめ、又はその身体の機能を一時的もしくは持続的に著しく害する性質を有する物質であって、施行令別表第三欄に掲げる物質	表1A剤、2A剤、3A剤　毒性化学物質
化学兵器		砲弾、ロケット弾等の兵器（施行令第2条）であって、毒性物質又はこれと同等の毒性を有する物質を充填したもの（その他の物質を充填したものであって、その内部で化学変化を生ぜしめ、毒性物質又はこれと同等の毒性を有する物質を生成させるものを含む）	
特定物質		〔条約上の表1剤〕：施行令別表一の項の第三欄（毒性物質；表1A剤）又は第四欄（原料物質；表1B剤）	表1A剤 毒性化学物質　表1B剤 前駆物質
指定物質	第一種	〔条約上の表2剤〕：施行令別表二の項の第三欄（毒性物質；表2A剤）又は第四欄（原料物質；表2B剤）	表2A剤 毒性化学物質　表2B剤 前駆物質
	第二種	〔条約上の表3剤〕：施行令別表三の項の第三欄（毒性物質；表3A剤）又は第四欄（原料物質；表3B剤）	表3A剤 毒性化学物質　表3B剤 前駆物質
有機化学物質		〔条約上の「表剤以外の識別可能な有機化学物質」〕：特定物質及び指定物質以外の有機化学物質であって、施行令第4条第1項に定めるもの	その他の有機化学物質（DOC）[*1]
特定有機化学物質		〔条約上のPSF化学物質〕：有機化学物質であって、リン原子、硫黄原子又はフッ素原子を含むもの	PSF化学物質[*2]

＊1　Discrete Organic Chemicals（識別可能な有機化学物質）。
＊2　表剤（表に掲載されている毒物）以外のDOCのうち、リン（P）、硫黄（S）、フッ素（F）を含むもの。

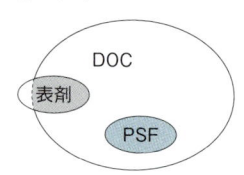

・ 義 務 ・

【禁止】

以下の対象について、製造、所持、譲渡、譲受けを禁止している。

- 化学兵器
- 化学兵器の製造を目的とした、毒性物質もしくは同等の毒性を有する物質又はその原料となる物質
- 化学兵器にのみ使用される部品又は化学兵器を使用する場合にのみ用いられる機械器具

【許可・届出等】

特定物質

- 製造、使用する前に、経済産業大臣の許可を受け、前年の製造／使用の実績数量等を毎年2月末までに届け出るとともに記録保管を行う
- 輸入する前に、外国為替及び外国貿易法により承認を受ける
- 運搬する前に、都道府県公安委員会に届出、運搬証明書の公布を受ける
- 使用しない場合は廃棄する

第一種指定物質

- 製造者または使用者は、次年の予定数量と前年の実績数量を届け出る（BZ*は1kg、BZ以外は100kg、原料物質は1tを超える場合）
- 輸出または輸入した場合には、前年の実績数量を届け出る

＊幻覚などの精神異常を起こさせる精神剤。ベンジル酸−3−キヌクリジニル。

第二種指定物質

- 30tを超える製造者は、次年の予定数量と前年の実績数量を届け出る

- 輸出または輸入した場合には、前年の実績数量を届け出る

有機化学物質、特定有機化学物質

- 製造者は前年の実績数量を届け出る（有機化学物質は200t、特定有機化学物質は30tまで）

【国際検査】

　特定の物質について一定の数量以上の製造・輸入等を行った事業所は、経済産業省職員の立会いの下、国際検査を受け入れる。

【立入検査】

　経済産業大臣または都道府県公安委員会は、特定物質の許可製造者、承認輸入者、許可使用者、廃棄義務者に対して立入検査を指示することができる。該当する場合には、立入検査に応じなければならない。

表3-20　対象物質と必要な届出

対象物質	事業活動	予定届出	実績届出
特定物質	製造	－	○
	使用	－	○
	輸入	○	－
	運搬	○	－
第一種指定物質	製造等	○	○
	使用	○	○
	輸出入	－	○
第二種指定物質	製造	○	○
	使用	－	－
	輸出入	－	○
有機化学物質、特定有機化学物質	製造	－	○

※届出がなされた情報は毎年、経済産業省内で集計され、国際的な取り決めである化学兵器禁止条約に基づきOPCW（化学兵器禁止機関）に申告されている。OPCWでは化学兵器の不拡散を徹底するため、輸出国と輸入国の数量比較を行っている（すなわち、日本からの輸出入量と、相手国の輸出入量が一致していることを確認）。

c. 外国為替及び外国貿易法

一言でいうと

外国との取引の正常な発展、日本や国際社会の平和・安全の維持等を目的に外国為替や外国貿易等の対外取引の管理や調整を行うための法令。輸出、輸入の前に経済産業大臣の許可や承認を得る必要がある

法令名	外国為替及び外国貿易法
仮英名	Foreign Exchange and Foreign Trade Act
略　称	外為法（がいためほう）
制定日	1949（昭和24）年12月1日公布（法律第228号）
所管当局	外務省、財務省、経済産業省
目　的	外国為替、外国貿易その他の対外取引が自由に行われることを基本とし、対外取引に対し必要最小限の管理又は調整を行うことにより、対外取引の正常な発展並びに我が国又は国際社会の平和及び安全の維持を期し、もつて国際収支の均衡及び通貨の安定を図るとともに我が国経済の健全な発展に寄与する（法第1条）。
補　足	化学物質管理に関係するものとしては、外為法の下位にある輸出貿易管理令（輸出令）と外国為替令（外為令）が特に重要。

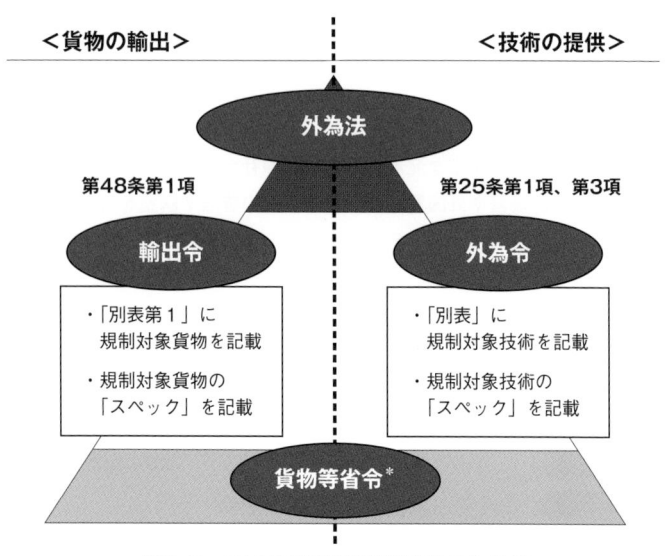

図3-5　安全保障貿易管理制度の全体像

＊：輸出令別表第一及び外為令別表の規定に基づき貨物又は技術を定める省令。
経済産業省資料(2018年) http://www.meti.go.jp/policy/anpo/seminer/shiryo/
setsumei_anpokanri.pdfをもとに作成。

● **主な改正の経緯** ●

1980年改正：　対外取引を原則自由とする法体系に改正。

1998年改正：　事前の許可・届出制度を原則として廃止し、外国為替公認銀行制度、両替商制度を廃止するなど、自由で迅速な内外取引が行えるように改正。

2017年改正：　日本の安全保障の観点から改正（化学物質管理には特に関わらない）。なお本改正では、規制・罰則が強化された。

- 制裁逃れ対策の強化。輸出入禁止命令を受けた会社の役員

等が、別会社の担当役員等へ就任等することを禁止

- 仲介業者等の関係者への立ち入り検査の導入
- 輸出許可・技術取引許可に付された条件に違反した場合における過料の罰則化

● 物質リスト ●

　放射性同位元素やオゾン層破壊物質、ワシントン条約対象貨物等が該当する。詳しくは以下の対象貨物一覧を参照してほしい。

1. 輸出承認対象貨物一覧[*1]
　○輸出貿易管理令　別表第1の1～15項
　○外国為替令　別表1～15項
2. 輸入承認対象貨物一覧[*2]

● 義　務 ●

貨物・技術の輸出前

　輸出者自身が、①貨物・技術の該非を判定し[*3]、②取引審査またはキャッチオール[*4]を確認、結果に応じて許可申請を実施する。ただし相手国がホワイト国[*5]の場合は対象外。

[*1]　経済産業省：http://www.meti.go.jp/policy/anpo/anpo02.html
[*2]　経済産業省：http://www.meti.go.jp/policy/external_economy/trade_control/04_kamotsu/02_import/import_kamotsu.html
[*3]　輸出しようとする貨物が、輸出令別表第1の1～15項で指定された軍事転用の可能性が特に高い機微な貨物に該当する場合、又は提供しようとする技術が外為令別表の1～15項に該当する場合。
[*4]　輸出にあたり製品、技術が相手国によって大量破壊兵器やミサイルの開発、生産に利用される可能性がある場合に行う管理・規制。
[*5]　123ページのコラム参照。

貨物の輸入前

輸入承認対象貨物を輸入する前に、経済産業省に届出を行い承認を受ける。

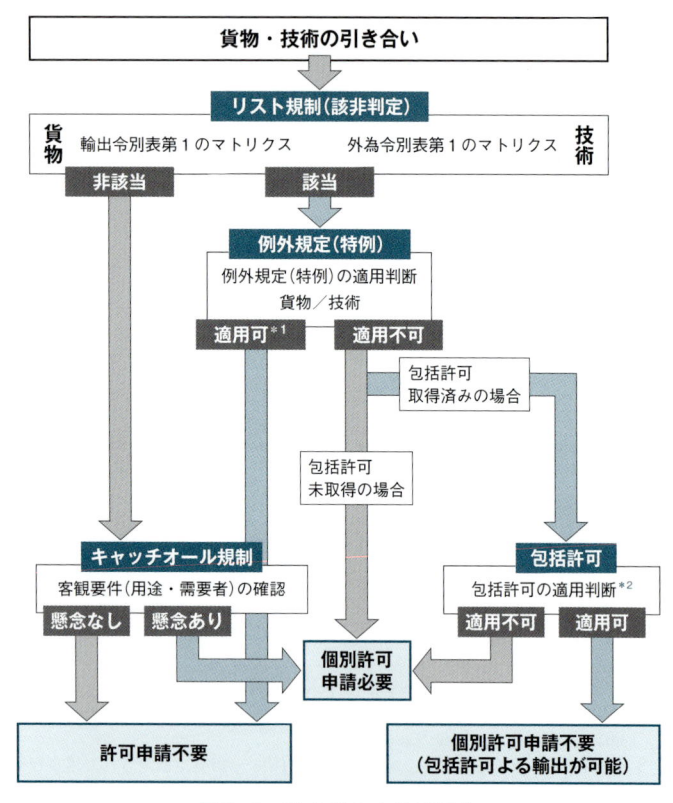

図3-6 輸出時の申請手続き

＊1：少額特例を適用する場合には客観要件の確認が必要。
＊2：包括許可の申請にあたっては要件を満たす必要あり。
経済産業省ウェブサイト（http://www.meti.go.jp/policy/anpo/apply01.html）をもとに作成。

コラム 〉 キャッチオール

　"ホワイト"と聞くとなんだか差別的な表現ともとらえうるが、外為法における「ホワイト国」とは、大量破壊兵器等の軍縮・不拡散に関する条約に加盟し、輸出管理レジームにすべて参加し、キャッチオール制度を導入している国をさす。大量破壊兵器の拡散につながる恐れがないことが明白であるため、これらの国のことを"ホワイト国"と呼んでいる。正式には輸出貿易管理令別表第3に掲げられている地域のことで、具体的には欧米を中心とする約30か国のことである。

　　　　出典：https://www.meti.go.jp/policy/anpo/apply07_area.html

コラム ＞ 外為法の違反事例

　原則として輸出入の取引は自由に行われる。経済を活発にするものであり、両国の関係づくりのうえでも大切な行為である。しかしながら特定の取引については事前の許可・承認が求められることを認識しておきたい。知らずに違反してしまうと、処罰によっては企業が致命的な影響を被ることもある。経済産業省のウェブサイトには違反事例が公開されており、これらの事例も自社の輸出入における化学物質管理の参考になるだろう。

　例えば経済産業大臣の許可を受けずに炭素繊維約4tを日本から韓国経由で中国へ輸出した事例では、略式命令により有罪が確定し、法人会社に罰金100万円、元社員に罰金100万円が科された。

　またフッ化ナトリウムとフッ化水素酸を日本から北朝鮮へ不正に輸出した事例では、20万円の罰金が科された。上記の2物質は化学・生物兵器の原材料及び製造設備等の輸出規制であるオーストラリア・グループの規制対象であり、サリンの原料ともなるものである。また本件は、北朝鮮に緊急支援米を送るための北朝鮮船籍貨物船を利用した不正輸出でもあった。

　経済のグローバル化がますます進む中、良好な経済関係を構築し醸成していくために、化学企業の責任ある化学物質管理が問われている。

第4章

化学物質の
有害性に関する
海外の化学品法令

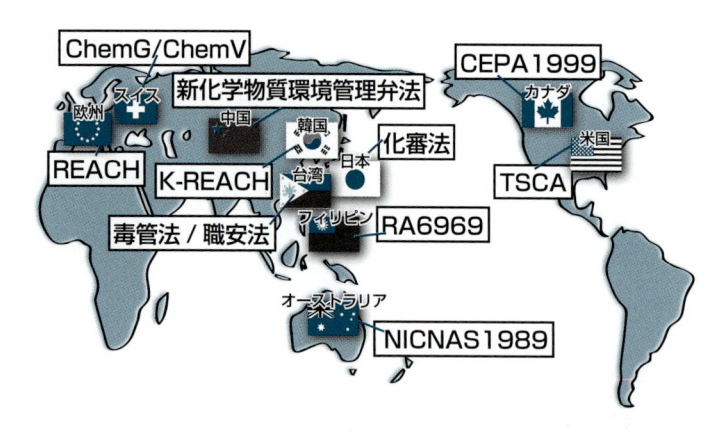

a. 欧州：REACH

一言でいうと

欧州域内で製造・輸入される工業化学品を規制する法律

法令名 Regulation (EC) No 1907/2006 of the European Parliament and of the Council of 18 December 2006 concerning the Registration, Evaluation, Authorisation and Restriction of Chemicals

仮和訳 化学物質の登録、評価、認可及び制限に関する規則

略 称 REACH

制定日 2006年12月18日成立、2007年6月1日施行

所管当局 欧州化学品庁（ECHA）

目 的 人の健康と環境を高レベルに保護し、EU市場での化学物質の自由な流通を確保することを通じて、EU化学産業の競争力と革新を強化する（前文）。

補 足 前文には2002年のヨハネスブルグサミットにおいて首脳レベルで合意されたWSSD2020年目標*の達成が目的の1つとして掲げられている。

＊2020年までに化学物質の製造と使用による人の健康と環境への著しい悪影響の最小化を目指す。

127

● 義　務 ●

登録の義務

　欧州で年間1t以上を製造もしくは輸入する化学物質について事前に欧州化学品庁（ECHA）へ登録する。2018年5月末までは、1-100t/y、100-1000t/y、1000t/y以上と、トン数帯ごとに登録の猶予期限が定められていたが、2018年6月1日以降は新規物質、既存物質に関わらず、年間1t以上を製造・輸入する前に登録が必要となった。トン数帯に応じて安全性データの要件が決められており、10t以上ではリスク評価書も併せて提出する。ECインベントリ*1へ収載されている物質であっても、サプライチェーンごと（製造者、輸入者ごと）に登録が必要。輸入成形品の場合、意図的に放出する物質（例えばボールペンのインクのようなもの）は登録対象である。

SVHCの届出

　成形品の製造者及び輸入者は、成形品中に0.1%以上含まれるSVHC*2について、その用途がREACH規則において登録（自社でも他社でもよい）されていない場合には用途を届け出る。同じ用途で代替可能な、より安全な物質を探しやすくするための情報となる。

認可申請

　認可対象物質（附属書XIV）をEU域内で製造又は輸入する事業

者、あるいはその物質を認可条件以外で使用する川下使用者は、その物質の用途に関するリスク評価と社会経済分析結果を添えて欧州化学品庁に提出し、認可を得る。

使用制限の義務

制限物質（附属書XVII）を製造、輸入、使用する場合には付属書XVIIに定められた条件に従う（例：消費者用製品には使用しない）。

情報伝達の義務

危険有害性のある物質と混合物、PBT[*1]、vPvB[*2]、SVHCをEU域内で製造又は輸入する場合には、SDS（安全データシート）を川下使用者に提供する。SDSの提供義務がない物質についてもREACH登録番号等を通知する必要がある。

0.1%以上のSVHCを含む成形品を欧州域内で製造・輸入する場合には、川下使用者に、安全に使用するための情報を提供する。

● リスク評価 ●

REACHでは事業者が1次的にリスク評価を行い、届け出られた情報をもとに欧州化学品庁が加盟各国と協力し合って詳細評価を実施する。詳細評価は事業者と連携しながら進められ、最終的にリスクに懸念ありと判断された場合には、SVHCや認可対象物質、制限物質といった規制物質リストに収載されることになる。

---

*1　難分解性で高蓄積性及び毒性を有する物質。130ページのコラム参照。
*2　極めて高い難分解性、生体蓄積性を有する物質。130ページのコラム参照。

コラム > 代理人申請

　各国の新規化学物質審査制度では、製造者と輸入者が届出義務を負うが、国によっては「代理人申請」という制度が設けられている。欧州REACHでは「唯一の代理人」が第8条において規定されており、例えば日本から欧州へ物質を輸出する場合に、その欧州の輸入者の代わりに欧州に在籍する他社を代理人として指名し、代理人がREACH登録を行うことができる。輸入者が化学品登録に精通していなかったり、輸入者に物質の情報を開示したくないなどの場合には、この代理人制度は有用だろう。また一度に複数の輸入者の代理として同一物質を登録できるため、輸入者ごとに登録する手間が省けるという利点もある。ただしこの場合には、輸入者ごとの輸入量を合算した数量によって登録要件が決められるため、登録費用や要件が増える場合もあり注意が必要である。

コラム > CMR、PBT、vPvBについて

　これらの略称は2006年に欧州REACHが制定されて以降、認知度が高くなってきた。最近では欧州の法令だけではなく、ASEAN等新興国の工業化学品法令、化粧品法令等にも幅広く使われている。ここで一度、整理しておこう。

CMR物質（人の健康に影響を及ぼす物質）

　CMR物質というのは、発がん性（Carcinogenic）、生殖細胞変異原性（Mutagenic）、生殖毒性（Toxic for Reproduction）を有する物質のことである。具体的には以下の物質が該当する。

　(a)　発がん性区分1A、1Bの物質

　(b)　生殖細胞変異原性区分1A、1Bの物質

　(c)　生殖毒性区分1A、1Bの物質

(a) GHS*における発がん性区分

区　分	基　準
区分 1A	ヒトに対して発がん性が知られている
区分 1B	ヒトに対しておそらく発がん性がある
区分 2	ヒトに対して発がん性が疑われる

(b) GHSにおける生殖細胞変異原性区分

区　分	基　準
区分 1	ヒト生殖細胞に経世代突然変異を誘発することが知られているか、または経世代突然変異を誘発するとみなされる単一物質。ヒト生殖細胞に経世代突然変異を誘発することが知られている単一物質。変異原性試験の結果により1Aか1Bに分類される 　1A：ヒトへの変異原性が知られている物質 　1B：ヒトの変異原性があるとみなされるべき物質で十分なデータがある
区分 2	ヒト生殖細胞に経世代突然変異を誘発する可能性があるため、ヒトへの懸念を生む物質

(c) GHSにおける生殖毒性区分

区　分	基　準
区分 1	ヒトに対して生殖毒性があると知られている、あるいはあると推測される物質 　1A：ヒトに対するデータを基準に区分 　1B：動物実験によるデータを基準に区分
区分 2	ヒトに対する生殖毒性が疑われる物質

＊化学品の危険有害性（ハザード）ごとに分類基準及びラベルやSDSの内容を調和させ、世界的に統一されたルール。2003年に国連が勧告したもので、定期的に更新されている。

PBT物質（環境に影響を及ぼす物質）

　PBT物質とは、難分解性（Persistent）、生物蓄積性（Bioaccumulative）、有毒性（Toxic）を有する物質である。REACH規則附属書XIIIでは、以下の3つの基準をすべて満たす物質をPBT物質としている。

(a)　難分解性：以下のいずれかに該当する場合には、難分解性基準（P-）を満たす。

- ・海水中での半減期が60日より長い
- ・淡水中又は河口水中での半減期が40日より長い
- ・海の堆積物中での半減期が180日より長い
- ・淡水又は河口水堆積中での半減期が120日より長い
- ・土壌中での半減期が120日より長い

(b)　生物蓄積性：生物濃縮係数（BCF）が2000より高い場合には、生物蓄積性基準（B-）を満たす。

(c)　毒性：以下のいずれかに該当する場合には、毒性基準（T-）を満たす。

- ・海水又は淡水生物に対する長期無影響濃度（NOEC）が0.01mg/l未満である
- ・発がん性（区分1Aもしくは区分1B）、生殖細胞変異原性（区分1Aもしくは区分1B）、又は生殖毒性（区分1A、区分1Bもしくは区分2）と分類される

vPvB物質（環境に影響を及ぼす物質）

　vPvB物質とは、難分解性が極めて高く（very Persistent）、生物蓄積性が非常に高い（very Bioaccumulative）物質である。REACH規則附属書XIIIでは、以下の基準をすべて満たす物質をvPvB物質としている。

＊欧州REACHではCMR、PBT、vPvBのいずれかの性質を有する物質が欧州加盟国、ECHAから提案され、パブリックコメントや議論を経て正式に指定されたものをSVHC（高懸念物質）という。SVHCの判定基準の1つとして上記のほかに次の項目が掲げられている：f）内分泌かく乱性物質や、PBT物質、vPvB物質の基準を満たさないが、健康や環境に極めて深刻な影響を及ぼす恐れがある物質。

(a) 難分解性：以下のいずれかに該当する場合には、難分解性が極めて高いという基準 (vP-) を満たす。
  • 海水、淡水又は河口水中での半減期が60日より長い
  • 海水、淡水又は河口水堆積中での半減期が180日より長い
  • 土壌中での半減期が180日より長い
(b) 生物蓄積性：生物濃縮係数 (BCF) が5000より高い場合には、生物蓄積性が非常に高いという基準 (vB-) を満たす。

b. 米国：TSCA

一言でいうと

米国内で製造・輸入される工業化学品を規制する法律

法令名 Toxic Substances Control Act

仮和訳 有害物質規制法

略 称 TSCA

制定日 1976年10月11日承認、1977年1月1日発効（連邦規則40CFR*1 part 700（総則）、720（製造前届出）、723（製造前届出免除）ほか

所管当局 米国環境保護庁（EPA）

目 的 人の健康または環境へ不当なリスクをもたらすか、またはその恐れのある化学物質及び混合物を規制する。

補 足 USC*2 Title15 Chapter53において、6つの内容が定められており、このうち1つ目の有害物質管理に関わる部分を定める規則がTSCAである。

Subchapter Ⅰ： 有害物質管理

Subchapter Ⅱ： アスベストの危険緊急措置法

Subchapter Ⅲ： 屋内ラドン低減

＊1 Code of Federal Regulations（連邦行政命令集）。連邦機関の規則を機関別に編纂した規則集。

＊2 United States Code（合衆国法律集）。

Subchapter Ⅳ：　鉛曝露低減

Subchapter Ⅴ：　健康で高性能な学校[*1]

Subchapter Ⅵ：　木製複合製品向けホルムアルデヒド基準

【 改定経緯 】 2016年6月22日に、制定後40年にして初めての改正が行われた。具体的にはTSCAインベントリのリセット、段階的なリスク評価の見直しである。

● 義　務 ●

製造前届出（PMN）

　TSCAインベントリに収載されていない新規化学物質を製造・輸入する90日前までに必要書類を届け出る。安全性情報については要件が定められておらず、所有している情報をすべて提出し、EPAが評価・審査を行う。10t/yまでであればLVE（免除申請）を行うことができたり、輸出専用であれば免除されたりするなどの免除規定がある。

重要新規利用規則（SNUR）

　EPAの評価・審査の結果、不当なリスクをもたらすかもしれないと判断された場合には、製造、使用、加工、流通、廃棄時等に制約がつけられる。この制約内容はSNUR[*2]という形で公布される。SNURで指定された用途で製造等を行う場合には、

＊1　原文はHealthy High - performance School。学校におけるエネルギー問題及び環境問題に言及したもの。
＊2　Significant New Use Rule

企業は製造・輸入開始の90日前までにEPAへSNUN*を提出する必要がある。

同意指令

特定の新規化学物質についてSNURが発行される前に、その物質の申請者とEPAが交渉し、制約される用途等について申請者の同意を得る。

インベントリ届出

既存物質インベントリをリセットするため、2016年6月21日までの過去10年間に製造・輸入された物質について、製造輸入者は2018年2月7日まで、加工者は2018年10月5日までに届け出ることが改正法で規定され2019年2月にTSCA Inventory(Active list, Inactive list)として公開された。

表4-1　TSCAインベントリ届出物質

1976 〜 2018年	86228	
2019年	Active	Inactive
	40655	45573

● リスク評価 ●

TSCAではEPAがリスク評価を行い、結果に応じて、化学品による人への健康障害や環境汚染を防止するための規制措置をとる。リスク評価は過去に10物質について行われてきたが、リスク評価を加速化すべく2016年改正により手順が明確化された。まず「インベントリ届出」によって、2016年現在TSCA

* Significant New Use Notice

インベントリに収載されている物質のうち、商業的に使用されている物質（Active）と使用されていない物質（Inactive）を分別し、次にActive物質を高優先度物質と低優先度物質に仕分けする。高優先度物質に特定された物質はリスク評価の対象となり、「難分解・生物蓄積性のスコア3（半減期6か月以上かつBCF*1もしくはBAF*2が5000以上）」「ヒト発がん性あり」「急性・慢性毒性あり」の物質から優先してリスク評価が実施されることになっている。2019年3月には改正後初めて、高優先度物質、低優先度物質がそれぞれ20物質ずつ選定され、リスク評価のための情報調査が開始された。

● 具体例 ●

　自社で開発した新規物質を米国で販売することになりました。米国にある子会社が輸入者としてPMNを申請することにしました。子会社は有害性情報を持っていませんが、親会社である自社は情報を持っています。

　⇒この場合、この子会社は親会社が持っている有害性情報をPMNで提出する必要があります。TSCAでは"事業者が自ら実施もしくは知り得た有害性情報"の提出を求めており、たとえ法人が異なっても有害性情報を提出する必要が出てくるため注意が必要です。過去には罰金が科された事例もあるようです。

---

*1　Bioconcentration Factor。生物濃縮係数。水（経鰓）からの直接的取り込み経路。
*2　Bioaccumulation Factor。生物蓄積係数。自然界のすべての経路による取り込み経路。

コラム ＞ ポリマーへの対応

　一般的にポリマーは高分子であり、細胞膜を通過しないことから有害性審査の対象外になることが多い。各国の新規化学物質審査制度では、化学物質そのもの、もしくは混合物中の化学物質が主として規制されるが、ポリマーについては国によって扱いが異なる。

米国 (TSCA)：　低懸念高分子[*1]か否かをガイダンスをもとに事業者が判断し、低懸念高分子の場合には根拠書類を自社内で保管する。初回製造・輸入後に一度だけEPAに報告する義務がある。

欧州 (REACH)：　高分子を構成するモノマーとその他の反応物 (重合開始剤等) をそれぞれ登録する。モノマーについては一般登録、その他の反応物については中間体登録が可能。

日本 (化審法)：　低懸念高分子か否かを事業者が判断し、低懸念高分子の場合には「低懸念高分子」としての届出を行う。低懸念でない場合には一般登録を行う。

中国：　低懸念高分子か否かをガイダンスに基づいて事業者が判断し、低懸念高分子の場合にはGPC[*2]等の根拠書類を添えて「簡易申告 (特殊ポリマー)」を行う。そうでない場合には一般登録を行う。

---

*1　言葉の定義が各国で少しずつ異なるため、注意が必要。
*2　Gel Permeation Chromatography。高分子を評価するための、分子量分布測定方法。

c. オーストラリア：NICNAS1989

一言でいうと

オーストラリア国内で製造・輸入される工業化学品を規制する法律

法令名 Industrial Chemicals(Notification and Assessment) Act 1989

仮和訳 オーストラリア工業化学品（届出・審査）法1989年

略　称 NICNAS1989

制定日 1990年制定、施行

下位法である1990年工業化学品（届出・審査）規則も1990年に制定、施行

所管当局 オーストラリア工業化学品届出・審査制度当局（NICNAS）

目　的 以下の目的のために工業化学品の性質及び影響についての情報を輸入業者及び製造業者から入手する。

①国民と環境の保護、②情報提供及び勧告、③国際協定に基づく義務の遂行、④統計の収集、⑤取締り（法第3条）。

改　正

1990年の施行以降、多数の修正が加えられ、規制緩和やリスクベースによる既存化学物質の評価等が進められてきた。

2019年4月、大幅なリフォームが実施され、関連六法が改訂、公布された。所管機関の移管やこれまで以上に合理化された規制案（試験研究用サンプル、化粧品原料、ポリマーなど、リスクの大きさに応じた化学物質規制の緩和等）が示されている。新しいスキームは2020年7月1日より開始される。

● 義　務 ●

新規化学物質の導入 [*1] 前届出

審査証明書：　一般の新規工業化学物質についてはトン数帯に応じて定められた情報要件を添えて申請し、NICNASの審査を受けて証明書の交付を受けないと導入できない。ただし、低懸念ポリマー [*2] と非有害性化学品 [*3] については "自己審査による審査証明書の申請" が認められている。すなわちNICNASに審査してもらうのではなく、事業者が自ら審査を行い申請書と一緒に提出することができ、かつ審査期間が短くなるなどの恩恵がある。 新スキームではさらに軽減される。

免除：　研究開発用途の場合や化粧品の場合等は審査証明書の取得は不要であるが、製造・輸入前の届出や年次報告等が求められる。

許可証：　新規工業化学物質ではあるが製造・輸入が100kg/yを超えないなどの条件付きの場合には、審査証明書の交付を

＊1　導入＝introduce。製造・輸入の意味がある。
＊2　他国と同様に分子量や環境中での安定性、懸念官能基の有無によって定義される。138ページのコラム参照。
＊3　国連危険物輸送勧告に該当しないなど、特定の条件を満たす化学品。

受けずに許可証の取得のみで製造・輸入が可能。この場合、
動物試験の結果等は不要で書類審査となる。

対応不要：　天然物、成形品、混合物、反応中間体、農業用化
学品、動物用医薬品、食品や食品添加物等については新規工
業化学品としての手続きは不要。新スキームでは低懸念ポリ
マーも対象となった。

既存化学物質の規制

NICNASが既存化学物質のリスク評価を行い、優先既存化学
品（PEC）に指定した場合には、その製造業者及び輸入業者は
NICNASの指示に応じて追加情報の提出や曝露管理の強化等が
求められる。

第2次届出

新規か既存かを問わず、一度審査された工業化学品をオース
トラリアに導入する場合で、用途の変更等によりリスク増大の
恐れがあったり健康や環境への悪影響に関する追加情報が入手
可能になったりした場合には届出が必要。

コラム ▶ オーストラリアとカナダの関係

　本法第43条及び44条において"外国ですでに承認されている場合"のスキームが示されている。具体的には2007年以降、オーストラリアはカナダの新規物質届出制度を正式に外国の制度として承認している。カナダの審査報告書がNICNASに送付された場合には、オーストラリアの新規工業化学物質の届出において、届出手数料が割引されるなどの恩恵を受けることができるようになった。このように、自国と同じような新規化学物質審査制度を有している国ですでに審査済みの場合に、重複して自国での審査を行わずに一部を簡素化してしまうという考え方は他国でもとられている。例えばカナダでは、米国TSCAインベントリに載っていればDSLでなくともNDSLとして扱われ（詳細は「e. カナダ：CEPA1999」の項を参照）、試験要件が軽減される。またフィリピンでは先進国の既存化学物質インベントリに収載されており、かつ特別な規制が設けられていなければ簡易届出が認められている。新規工業化学物質の審査制度、試験要件、判定基準等はそれぞれの国の法律の歴史や目的が異なるため、必ずしもハーモナイズが容易ではないが、有害性情報の共有等、できる限り重複審査を避けることによって、有用な化学物質がよりグローバルに展開されるようになると期待される。

d. カナダ：CEPA1999

一言でいうと

カナダ国内で製造・輸入される工業化学品を規制する法律

法令名 Canadian Environmental Protection Act, 1999 (S.C. 1999, c. 33)

仮和訳 1999年カナダ環境保護法

略　称 CEPA1999

制定日 CEPA（環境保護法）自体は1988年6月制定。1994年7月より新規物質届出制度を施行、1999年4月に大幅改定し、CEPA1999として2000年3月施行

所管当局 カナダ環境・気候変動省、カナダ保健省

目　的 化学物質による汚染を防止し環境や人の健康を守ることを通じて、持続可能な経済発展に貢献する。

義　務

新規物質の製造前届出（化学品及びポリマー）：NSN[*1]

　カナダ国内化学物質インベントリ（DSL[*2]）に未収載の化学物質を製造・輸入する事業者は、そのトン数帯及び用途に応じて事前に申請／届出を行う。なおNDSL[*3]に収載されている場合

＊1　New Substances Notification。
＊2　Domestic Substances List。
＊3　Non‑DSL。DSLに収載されていないが国際的に上市されていると考えられる物質リスト。

には届出要件が一部軽減される。

　なおカナダ最大の化学工業地帯を有するオンタリオ州に限り、同州で新規物質とみなされる場合は、同州での製造や輸入開始前にNew Agent Notificationと呼ばれる登録が必要となるので注意したい（オンタリオ州登録）。

新規化学物質審査結果への対応

　カナダ環境・気候変動省及び保健省はNSNで提出された情報をもとにリスク評価を実施し、新規化学物質を3つに分類する。

①有害（toxic）：　結果に応じた制約条件が課される（例：用途の制限、表示の義務、環境排出制限）

②有害ではないが新たな活動によって有害になる可能性がある：　重要新規活動（SNAc[*1]）が告示され、届出外の用途を開始する前に政府へ届け出ることを義務付け

③有害とは疑われない：　特に義務はない。製造・輸入後に製造・輸入の届出（NOMI[*2]）を提出すると120日以内にDSLへ収載される

既存化学物質のリスク評価結果への対応

　カナダ環境・気候変動省及び保健省は、計画的に既存化学物質のスクリーニング評価、リスク評価、詳細リスク評価を行ってきた[*3]。有害であると判定されると有害物質リストに収載

[*1]　Significant New Activity
[*2]　Notice of Manufacture or Import
[*3]　化学物質管理計画。カナダ保健省及び環境・気候変動省は、2006年に2万3000種の化学物質について優先順位付けを完了し、4300物質を優先物質リストに収載している。これらをさらに高優先、中優先、低優先に分類し（それぞれ約500、約2600、約1200）、詳細なリスク評価を着々と進めている。2020年までにこれら収載物質の評価をすべて完了することを目標としている。

され、リスク管理措置が適用される。

コラム ＞ toxic≠ハザード

　カナダのCEPA1999では化学物質の規制分類の1つとしてtoxicという言葉を用いているが、これは単に有害性があることを示す言葉として用いられるものではなく、曝露を含んだリスクに近い概念である。以下のような定義がなされている。

Section 64 of CEPA defines a substance as "toxic" if it is entering or may enter the environment in a quantity or concentration or under conditions that （toxicとは以下の量または濃度または条件下で環境へ放出されるもしくはその可能性がある場合をいう）:

1. *have or may have an immediate or long‑term harmful effect on the environment or its biological diversity* （1．環境またはその生物多様性に即座にまたは長期的に有害な影響を及ぼすまたは及ぼすかもしれない）;

2. *constitute or may constitute a danger to the environment on which life depends* （2．生命の拠り所となっている環境に対して危険となるまたは危険となるかもしれない）; *or*

3. *constitute or may constitute a danger in Canada to human life or health* （3．カナダにおいて人の生命または健康に対しての危険となるまたは危険となるかもしれない）.

　この論点はカナダ国内でも長い間議論されてきたようである。「toxicの定義を見直すべきだ」「カナダにおけるtoxicという定義はリスクを予防し管理する必要があるという意味をも含んでいるのだ」「外国ではtoxicとして規制されているのにカナダでは（リスクが懸念されないという意味で）toxicでないと判定されている物質もあるため矛盾が生じている」

などといった様々な意見があるようだ[*]。

　言葉の定義はその国の歴史、文化、慣習等の影響を受ける。日本語の"安心"という言葉に適切な英訳がない("安心"に対応する言葉がない言語が多い)という事実も、1つの事例といえるだろう。

---

[*] カナダ環境・気候変動省：http://ec.gc.ca/lcpe‐cepa/default.asp?lang=En&n=DE459 DD7‐1&printfullpage=true

e. スイス：ChemG ／ ChemV

一言でいうと

スイス国内で製造・輸入される工業化学品を規制する法律

法令名 813.1 Bundesgesetz über den Schutz vor gefährlichen Stoffen und Zubereitungen 及び
813.11 Verordnung über den Schutz vor gefährlichen Stoffen und Zubereitungen

仮和訳 危険な物質及び調剤からの保護に関する連邦法（化学品法、ChemG）、危険な物質及び調剤からの保護に関する政令（化学品政令、ChemV）

略 称 Chemikaliengesetz, ChemG（連邦法）、Chemikalienverordnung, ChemV（下位法：政令）

制定日 2000年施行*

所管当局 スイス連邦保健局（BAG）

目 的 化学物質及び混合物による有害な影響から人の健康や生物を保護する（法第1条）。

＊スイスは化学物質管理規制において欧州連合との調和をとるべく、欧州規制／指令の改正ごとに、自国の法令も改正するという方法をとっている。例えば2009年6月にREACHにおいてSVHC（高懸念物質）の届出運用が開始されると、スイスは2012年にChemVを改訂しSVHCの届出やREACHにおける認可申請を参照し導入している。

● **義　務** ●

新規物質の製造・輸入前届出 (Notification) [*1]

　EINECS（欧州既存化学物質インベントリ）に未収載の化学物質を年間1t以上製造・輸入する事業者は、事前に届出を行う。届出要件は欧州REACHと同じで、1-10t/y, 10-100t/y, 100-1000t/y, >1000t/yとトン数帯ごとに定められている。

新規物質の製造・輸入前通知 (Declaration)

　試験研究用の新規化学物質を年間1t以上製造・輸入する場合には、事前に通知する義務がある。Notificationに比べ提出項目が少なく、GHS分類、用途、SDS等を提出すればよい。

報告 (Registration) [*2]

　新規／既存に関わらずCMRやPBT/vPvB[*3]及びGHS等危険有害性基準に該当する物質及び混合物について、GHS分類結果や用途情報等を提出する。

　上記3つ (Notification, Declaration, Registration) のほか、次の対応も必要。

GHS対応：　物質（2012年12月1日まで）及び混合物（2015年6月1日までに）について、GHS分類を行いSDSとラベルを川下使用者へ提供する

SVHC届出：　欧州REACHに基づくSVHCを0.1％以上含む成形品の生産者と輸入者は事前に届け出る（ただし1t/yを超える

＊1　REACHでは"Registration"だが、ChemVでは"Notification"を用いている。
＊2　Registrationを「登録」と訳すこともできるが、内容から判断し「報告」と訳した。
＊3　130ページのコラム参照。

　場合）

認可申請：　欧州REACHに基づく認可対象物質（Annex XIV）の
　上市前に、用途ごとに認可を取得する

コラム ＞ スイスとEEA

　スイスは永世中立国であることからEU（欧州連合）には加盟していない。また、EEA（欧州経済領域）と呼ばれる、EUに加盟することなくEUの単一市場に参加することができるように設置された枠組みにもスイスは加盟していない。

　EUには加盟していないがEEAに加盟している国としては、アイスランド、ノルウェー、リヒテンシュタインがある。これらの国は、EUの立法には関わらないが原則的にEUの法規制を受ける。

　EUの法規制を直接適用されないスイスでは、ヒトやモノの移動等についてEUと個別の協定を締結しており、REACHやRoHS等、欧州の法規制と同等の内容の法令を独自に制定している。

f. 中国：新化学物質環境管理弁法

一言でいうと

中国国内で製造・輸入される工業化学品を規制する法律

法令名 新化学物質環境管理弁法（環境保護部令第7号）

略 称 環境管理弁法、第7号令等

制定日 2010年10月15日施行

所管当局 中国生態環境保護署（MEE）

目 的 新規化学物質による環境及び人健康リスクを抑制し、生態環境を保護する（弁法第1条）。

補 足 本法（新化学物質環境管理弁法）の法律法規体系を**図4-1**に示す。環境保護法を上位として約10年間運用されてきたが、2019年4月現在、当該弁法の上位法として"化学品環境管理条例"の策定

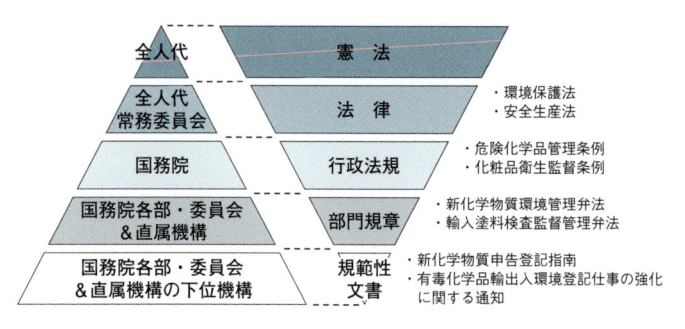

図4-1　中国中央政府と法律法規の関係

が進行中である。目的は規制の合理化と一部の強化、国際調和とされている。

● 対象物質："新化学物質" ●

中国現有化学物質名録に未収載の化学物質（弁法第3条）。

●　義　務　●

登録

中国で新化学物質を製造または輸入する前に、新化学物質環境管理登記証を取得しなければならない*。

登記後

登記の種類によって登記後の義務が異なる。

科学研究届出：　施設内での物質管理、適切な廃棄処理

簡易申告：　前年の数量報告と次年度の計画提出、製造・輸入等の記録保管

常規申告：　SDSによる川下への危険有害性情報の伝達、登記証に規定されているリスク管理措置の実施、製造・輸入等の記録保管、新たに得られた情報の報告、前年の数量報告と次年度の計画提出（官報公示されるまで）等

＊科学研究届出申告（＜0.1t/y）では登記証は発行されない。

表4-2 申告の種類

種　類		詳　細
科学研究届出		<0.1t/y：科学研究もしくは中国国内での生態毒性試験を目的とする新化学物質の製造または輸入
簡易申告	基本状況	<1t/y
	特殊状況	<1t/y：中間体に用いるまたは輸出専用品
		0.1 t/y～1t/y：科学研究目的
		数量無制限：ポリマー（新化学物質のモノマー含有量が2%より低いポリマーまたは低懸念ポリマー）
		<10t/yかつ最長2年間有効：プロセス及び製品の研究開発目的
常規申告	1級	1～10t/y
	2級	10～100t/y
	3級	100～1000t/y
	4級	>1000t/y

● 申告人と代理人 ●

　中国環境管理弁法においては、新化学物質の製造／輸入を予定している中国境内[*1]の法人のほか、新化学物質の輸出を予定している中国境外の法人（最終輸出者）も申告人になることができる。ただしその場合には、中国境内において「申告代理人」を指名する必要がある[*2]。当該代理人は新化学物質の登記証に境外申告人の社名とともに列記され、登記証の所有者としてすべての責任及び義務を負わなければならないとされている。

[*1] 中国では、法の効力が及ぶエリアのことを「境内」と表現し、エリア外のことは「境外」という。
[*2] 163ページのコラム参照。

● リスク評価 ●

　中国の環境管理弁法においては欧州REACHと同じように、事業者が1次的にリスク評価を行い、届出がなされた情報をもとにMEEが審査を行う。審査過程は不明であるが審査期間は6か月と決められており、この間に専門家等のリスク評価結果のレビューが進められていると推測される。

● 試　験 ●

　中国で新規化学物質を申告する際には、一部の生態毒性試験をMEEが認可する中国国内の試験機関で実施しなければならないとされている。簡易申告や常規申告の1級から求められる「生分解性試験」や「急性魚毒試験」もしくは「急性ミミズ毒性試験」がこれに該当する。

　常規1〜4級の試験要件は欧州REACH規則に類似するが、3級と4級でははじめから実試験が求められる。

コラム ＞ 中国での化学物質登録

　中国における化学物質の登録では、一般的に中国語（漢字）が用いられる。日本人の私たちにとっては一見なじみのある表現のように感じられ、中には十分に意味の読み取れるものもあるが、いくつか注意が必要である。以下、実務を通じて学んだことをいくつか挙げる。

1. 日本の会社が輸出者となり申請書に署名を行う際には、署名（サイン）だけでなく社印が必要。欧米の会社の場合にはそもそも印鑑という習慣がないため、直筆のサインだけで許される。

2. 申請書に外国人名（日本人を含む）を記載する場合にはローマ字のみでよいが、中国人名を記載する場合には、ローマ字ではなく漢字の表記が必須である。

3. 化学物質の名前は、中国化学会による鑑定を受けたものが申請書に用いられる。こちらは専門用語に値するため、なかなか推定しにくい。
　例：ヒドロキシル基　⇒　羟基

g. 韓国：K-REACH

一言でいうと

韓国域内で製造・輸入される工業化学品を規制する法律

法令名 화학물질의 등록 및 평가 등에 관한 법률

仮英名/仮和訳 Act on the Registration and Evaluation of Chemical Substances ／化学物質の登録及び評価等に関する法律

略 称 AREC、K-REACH、化評法（かひょうほう）

制定日 2013年5月22日告示

所管当局 韓国環境部

目 的 化学物質の登録、化学物質及び有害化学物質含有製品の有害性・危害性に関する審査・評価、有害化学物質指定に関する事項を規定して、化学物質に対する情報を取得・活用することにより、国民の健康及び環境を保護する。

経緯

　韓国では「有害化学物質管理法」による管理が実施されてきたが、2011年まで、製造または輸入業者がその有害性情報を把握する義務規定がなく、多様な化学物質の曝露によるリスクを管理しきれない状況にあった。その後、加湿器に使用された殺菌剤に起因する事故をきっかけに、2011年に同法を新しく「化学物質の登録及び評価等に関する法律」と「化学物質管理法」

の2つに分け、化学物質管理体制の強化を図ることとなった。

● 改　正 ●

2018年3月20日改正法公布、2019年1月1日施行

旧法では特定510物質の登録が義務だったが、新法では欧州REACHと同様にすべての物質の予備登録と本登録が必須となった。詳しくは「義務」の項を参照。

● 義　務 ●

新規化学物質の登録

韓国既存化学物質目録 (KECI) に収載されていない新規化学物質*を100kg /y以上製造、輸入する前に、登録を行う。

既存化学物質の登録

KECI収載済みの既存化学物質を年間1 t以上製造、輸入している場合には2019年6月末までに申告し、段階的に登録を行う。欧州REACHのようにトン数帯及び有害性の程度に応じて登録期限に猶予が与えられており、最長 (年間1～100tの既存化学物質) の場合、2030年12月31日となっている。

有害化学物質の規制

新規化学物質及び既存化学物質の登録後、当局が評価・審議を行い、重点管理物質に指定する。

製品中の重点管理物質の含有量が0.1％を超え、かつ総量が1t/yを超過する場合には、その輸入者及び生産者は届出を行う。

＊100kg/y未満でも新規化学物質の場合には届出が必要。登録に比べ要件が軽減されている。

　重点管理物質とその他の有害性等を評価した結果、リスクに懸念があるとされる化学物質について「認可物質」として指定された場合には、製造、輸入、使用前に認可を受ける必要がある。

h. 台湾：毒管法／職安法

一言でいうと

台湾域内で製造・輸入される工業化学品を規制する法律

　台湾では2つの法令により新規化学物質と既存化学物質を規制している。端的に言えば、日本の化審法と安衛法のような関係である。ここではまずはじめに毒管法（新規物質のほか既存物質についても登録制度を有する）を紹介した後、職安法（新規物質と既存物質のうち危険有害物質を規制する）を紹介する。なお、2020年に新たな法案（毒性及び懸念化学物質管理法）が施行される予定である。

法令名 毒性化学物質管理法

仮英名 Toxic Chemical Substances Control Act

略称 TCSCA、毒管法、毒化物法

制定日 2013年12月11日公布

所管当局 台湾行政院環境保護署 (EPA)

目的 毒性化学物質が環境を汚染する、あるいは人体の健康に危険を及ぼすことを防止するために、国内の化学物質各項目のデータを掌握し、それによって毒性化学物質を選別し評価する。

補足 5つの下位法令で新規化学物質と既存化学物質を規制する。

　• 新規化学物質及び既存化学物質資料登録弁法

- 毒性化学物質管理法施行細則
- 第4類毒性化学物質調査認可管理弁法
- 毒性化学物質表示及び安全データ管理弁法
- 毒性化学物質取扱及び放出量の記録管理弁法

● 改定経緯 ●

2018年6月に新規化学物質及び既存化学物質資料登録弁法が改正され、新規化学物質登録制度について職業安全衛生法との相違点が解消された。

● 義　務 ●

新規化学物質の登録

台湾既存化学物質目録 (TCSI) に収載されていない新規化学物質を製造・輸入する前に、必要な情報を提出し登録等を行う。少量登録 (100kg/y未満)、簡易登録 (100kg/y〜1t/y)、標準登録 (1t/y以上) のほか、用途及びポリマーの種類によって免除、簡易登録、標準登録がトン数帯ごとに細かく定められている。標準登録においては、欧州REACHや中国と同じように1 - 10t/y, 10 - 100t/y, 100 - 1000t/y, 1000t/y以上の4段階に分けられ、トン数が高いほど多くの試験要件が求められる。また、リスク評価書の提出も必要である。

既存化学物質の登録

第1段階登録：　TCSI収載物質であっても2016年4月1日以降に初めて製造・輸入する場合には、100kg/yを超えてから半年以内に登録を行う

第2段階登録：　第1段階登録された物質の中からEPAが指定した特定の106物質について、試験データ等を添えて登録を行う

年次数量報告

　登録された新規化学物質、既存化学物質について前年の製造・輸入実績を集計し4月1日から9月30日までの間に報告する（2018年度分から）。

危険化学物質の規制

　毒性化学物質として第1〜4類までの物質リストが存在している。第1〜3類の毒性化学物質の製造・輸入等を行う場合には届出を行い許可証を取得する。これらの物質を環境中に放出する場合には放出量等を申告する（いわゆるPRTR）。第4類毒性化学物質については取扱い前に毒性関連情報等を報告し、審査及び認可を得るまで製造・輸入・使用等が禁止されている。

　第1〜4類の毒性化学物質を取り扱う場合には安全データシート（SDS）及びラベル表示を具備する。

❱ 法令名 ❰ 職業安全衛生法

❱ 仮英名 ❰ Occupational Safety and Health Act

❱ 略　称 ❰ OSHA、職安法

❱ 制定日 ❰ 2013年7月3日公布

❱ 所管当局 ❰ 台湾行政院労働部職業安全衛生署

❱ 目　的 ❰ 労働中の事故を防ぎ、労働者の安全と健康を保護する。

> **補 足** 4つの下位法令で新規化学物質と既存化学物質を
> 規制する。
> - 新規化学物質登記管理弁法
> - 優先管理化学品の指定及び取扱い弁法
> - 危険有害性化学品評価及びコントロールバン
>   ディング法
> - 危険有害性化学品表示及び周知規則

● 義 務 ●

新規化学物質の登録

前述の毒性化学物質管理法と同じ要件での登録が求められる。

施行当時は異なる要件であったが、2018年6月にEPAが弁法を改正したことにより解消された。

既存化学物質の規制

職業安全衛生法では毒性化学物質管理法のようにすべての既存化学物質を対象とした規制は行っていないが、危険有害性の程度に応じて届出及び管理を求める。

優先管理化学品： CMR区分＊等、危険有害性を有し労働部が公示した優先管理化学品を取扱う場合には毎年の報告・届出が必要（2015年：503種、2019年：572種）

危険有害性化学品： GHSに基づき危険有害性区分に該当する化学品を取り扱う場合には、SDS及びラベル表示の具備のほ

＊発がん性区分1、すなわち発がん性区分1Aと1Bのこと。詳細は130ページのコラム参照。

か、リスク評価と管理が求められる。許容曝露限度が定められている場合には主としてモニタリングを実施し、限度が定められていない場合にはその危険有害性及び曝露の程度に基づきリスクレベルに区分しコントロールバンディング措置*を講じる。少なくとも3年に1回は更新する

---

* リスクレベルに応じたリスク低減措置。取扱い物質の使用中止、有害性の低い物質への代替、作業頻度や作業環境レベルの見直し、局所排気装置の設置、保護具の見直し、部分的な密閉化、教育訓練等が挙げられる。

コラム ＞ 代理人

　各国の新規化学物質審査制度において、主として化学物質の登録義務を負うのは、その国の製造者及び輸入者である。ただし外国の輸出者も登録できる場合がある。以下のように大きく3つのパターンに分けられる。

1. 日本の化審法型

　届出・申出の種類によっては、外国の輸出者が直接登録することが可能。

2. 欧州REACH型

　外国の輸出者が現地の法人を代理人として指名し、輸入者の代わりに登録することが可能。ただし代理人は化学物質に関する知識を有している必要があり、登録後もその物質の製造・輸入から廃棄に至るまでの管理に一定程度の責任を負う（130ページのコラム参照）。中国の新規化学物質登録制度もこの方法をとっている。

3. 台湾型

　その国の輸入者が自国の法人を代理人として指名して登録することが可能。代理人は登録の代行だけを行い登録後の責任はない。

　欧州REACH型と台湾型の大きな違いは、登録後の責任の有無のほか、登録要件の決まり方である。欧州REACH型が指名者（外国の輸出者）の輸出量ベースで登録要件を決めるのに対し、台湾型では輸入者の輸入量ベースで登録要件が決まる。すなわち台湾型においては、ある輸入者が複数の外国の輸出者から同一物質を輸入している場合、代理人は複数の輸出者からの輸入物質の数量をすべて合算する必要がある。

1. フィリピン：RA6969

一言でいうと

フィリピン国内で製造・輸入される工業化学品を規制する法律

法令名 Toxic Substances and Hazardous and Nuclear Wastes Control Act of 1990 (Republic Act 6969)

仮和訳 有害物質及び有害・核廃棄物管理に関するフィリピン共和国法律 No.6969

略　称 RA6969

制定日 1990年10月26日承認・施行

所管当局 フィリピン環境天然資源省

目　的 健康や環境に対して不当なリスクや危害を及ぼす、有害性・核廃棄物を含む化学物質及び混合物の、製造・輸入等を監視・規制・制限又は禁止する（法第4条）。

義　務

新規物質の製造・輸入前届出（PMPIN）

　フィリピン既存化学物質インベントリ（PICCS）に未収載の化学物質を年間1t以上製造・輸入する事業者は、事前に届出を行う。なおフィリピンと同等の登録審査制度を有する他国*で

---

* "他国"については2019年3月に公開された省令案において初めて明文化され、日本、米国、欧州、韓国、オーストラリア、カナダの6か国が規定されている。142ページのコラム参照。

規制されることなく使用され既存化学物質インベントリに載っている場合には、届出要件が一部軽減される。

新規物質の製造・輸入前免除申請

PICCSに収載されていないが、年間数量が1 t未満の場合、もしくは研究開発用途に限った製造・輸入の場合には、免除申請により許可証の発行を受けることができる。有効期限は1年。

規制物質への対応

RA6969は、日本の化審法における第一種特定化学物質や第二種特定化学物質、監視化学物質のような規制物質リストを有する。

PCL： Priority Chemicals List（優先化学物質リスト）。公衆の健康、労働環境や環境に不当なリスクをもたらすと判定された優先化学物質を製造、輸入、使用する場合には当局の許可を得る必要がある

CCO： Chemical Control Order（化学品管理令）。PCLに指定された物質のうち、特定の物質について、製造、輸入、輸送、加工、保管、所持と卸売を禁止または規制する。例：PCB、オゾン層破壊物質、アスベスト

コラム ＞ フィリピンの法体系

　2019年4月現在、フィリピンはASEAN10か国の中で唯一、新規化学物質審査制度が整い、工業化学品に関する既存化学物質インベントリを有する国である。この背景には、米国による植民地時代（1898〜1946年）の強い影響があると言われている。実際に、製造・輸入前届出においては、米国TSCAと同じようにフィリピンでも安全性試験要件を固定しておらず、"持っているものをすべて提出し、あとは行政が評価・審査する"という方針がとられている。ただし、フィリピンは米国以外にもスペインの植民地支配（1571〜1898年）を受けていたこともある。このような歴史的経緯があるため、スペイン法の体系に新しい米国型の法体系が重なり、かつ植民地時代の法律と独立以降の大統領令が交錯し合うなど、フィリピンの法体系は全般的に極めて複雑になっていると言われている。とはいえ、筆者の経験上、ここ10年ほどでフィリピン当局の新規化学物質審査力は格段に向上していると思われる。リスク評価やGHSの運用等も関係省庁が協力し合って進めるなど、化学物質管理という観点ではASEAN諸国の中で進んでいる国と言えるだろう。

　日本同様、海に囲まれた島国ゆえに化学物質の出入りを規制しやすいということも、フィリピンの化学物質管理の運用につながっているのかもしれない。

j. ASEAN各国の動き

一言でいうと

ASEAN10か国は、化学物質管理に関する法制度をそれぞれ有しており、特に欧州REACH、米国TSCA、日本の化審法等を参考にして改訂もしくは新たな制度の導入を検討中である（2019年4月現在）。

タイ・ベトナム：　工業用途の既存化学物質インベントリを作成中

マレーシア：　リスクに基づく優先順位付けを行ない段階的な規制を検討中

シンガポール：　有害性を有する物質の規制を主とする

ミャンマー・ラオス：　欧州REACHを参考に新規物質の審査と既存物質の情報収集及び評価を含む法案を制定、下位法による運用を開始

インドネシア：　複数省庁による原料調達から廃棄までの一元管理を制度化する方向で法案を作成中

フィリピン：　米国TSCAをベースとする新規物質審査制度を運用（164ページ参照）

カンボジア・ブルネイ：　危険有害性物質の規制等はある

世界経済におけるアジアの存在感はますます高まりつつある。特に日本の化学産業はアジアにサプライチェーンを展開しており、自社製品の安全性に責任を持つのはもちろんのこと、化学物質のライフステージすべてにわたってコンプライアンスリスクを回避する必要がある。そのためには常に各国の最新の化学物質管理制度と、その現場の運用実態を把握していなければならない。ASEAN各国はWSSD2020目標達成に向けて化学物質管理制度の見直しや新設を急ピッチで進めているが、リ

ソース不足や環境変化に対応する必要もあり、進展には時間を
要している。**表4-3**に各国の状況を示す。

表4-3　東アジア及び東南アジア各国の主要化学物質法令と リスク管理の運用状況（2019年4月現在）

国　名	主な化学物質規制（法令）	同法令におけるリスク管理
日本	化学物質審査規制法	産業界からの曝露情報を用いて行政当局が既存化学物質のリスクを段階的に評価。管理措置の策定までを実施
中国	新化学物質環境管理弁法、危険化学品安全管理条例	環境管理弁法に基づき新規化学物質の常規申告において事業者がリスク評価を実施し行政当局が審査。危険化学品安全管理条例には環境リスク評価制度あり
韓国	化学物質の登録及び評価等に関する法律、化学物質管理法	既存化学物質の登録と並行して段階的に事業者がリスク評価を実施。2019年から欧州REACH同様の予備登録を開始
台湾	毒性化学物質管理法、職業安全衛生法	新規化学物質の登録時に事業者がリスク評価を実施。その後、行政当局がリスクレベルに応じた階層管理を推進
インドネシア	政府法令74/2001	現行法の後継となる化学物質法案の中でリスク評価と管理を実施予定
カンボジア	化学物質の使用・輸入・輸出及び販売を管理する省令	国連の支援を受け、SAICM への対応のためのキャパシティーアセスメントを実施
シンガポール	環境汚染管理法	行政当局の要求に応じて事業者がリスクの評価と管理を実施
タイ	有害物質法	現行法の枠組みの中でリスク評価の実施と管理の仕組みを検討する一方で、四省合同で新化学品法の2021年施行を目指す
フィリピン	有害物質及び有害・核廃棄物管理法	行政当局によるリスク評価結果に基づき優先化学物質（PCL）と管理物質（CCO）を選定し規制しているが実態は不明

（つづき）

国　名	主な化学物質規制（法令）	同法令におけるリスク管理
ブルネイ	不明	―
ベトナム	化学品法	2015 ～ 2017年度のJICAプロジェクトを通じてリスクベースの化学品管理を検討。2018年にデータベースとドラフトベトナム国家化学品インベントリ（第3版）を公開
マレーシア	環境有害物質登録制度（EHS NR）、CLASS規則	EHS NRにおいてリスク評価制度の導入（年次報告、段階的評価等）を検討中
ミャンマー	化学品及び関連物質危害防止法	リスクに関する主な記述や行政当局によるリスク評価は現在のところなし
ラオス	化学物質管理に関する法律	新規化学物質の登録時に事業者がリスク評価を行うことになっているが未運用

　表に示すように、化学物質管理法令がリスクベースで運用されているとは言い難いものの、その意思は各国の法条文から見受けられ、これまでのような危険有害性の高い物質だけを優先的に規制するという時代はもう終わったと言っても過言ではない。また、実際に化学物質を扱う現場の事業者は、各国の工業会等での取組みを通じて自主的なリスク管理を進めている（具体的な事例については、それぞれのウェブサイトを参照されたい）。なお日本は、経済産業省が2010年に打ち出したイニシアティヴ「アジアン・サステイナブル・ケミカルセイフティー構想」に基づき、ASEAN各国におけるリスクベースによる化学物質管理の実現に向けて支援をしてきた。この取組みの中で規制のハーモナイズを目的としてハザード情報や規制情報の共有を進めており、2016年より日ASEAN化学物質データベースを運

用している。このデータベースでは日本及びASEAN各国の化学物質管理に関する法令、及びその規制物質の検索を行うことができるほか、参考となるSDSやGHS分類結果も搭載されている。

表4-4 日ASEAN化学物質データベース (AJCSD) の概要

URL	http://www.ajcsd.org/
言語	英語*
運用機関	製品評価技術基盤機構 (NITE)
収載情報	化学物質に関する一般情報 (化学物質名称、CAS番号、構造式等)、関連規制情報 (日本及びASEAN各国)、リスク・ハザード情報、GHS分類結果、参考SDS
使用料	無料
参加国	カンボジア、インドネシア、ラオス、マレーシア、ミャンマー、フィリピン、シンガポール、タイ、ベトナム、日本

＊：トップページ及び多言語対応の検索画面については、日本語及びASEAN各国言語で
　表示される。

表4-5 主要国における新規物質の審査

	>1000 t/y	>100 t/y	>10 t/y	>1 t/y	<1 t/y	試験サンプル	低懸念ポリマー
日本（化審法）	通常新規			低生産量新規	少量新規	—	届出
欧州（REACH）[*1]	VI, VII, VIII, IX, X	VI, VII, VIII, IX	VI, VII, VIII	VI, VII	—	1t以上は PRROD	—
米国（TSCA）	PMN			LVE		市場試験は TMA	初年度報告
オーストラリア（NICNAS1989）	登録（STD）				登録（LTD）	届出	登録
カナダ（CEPA1999）NDSL無	schedule6			schedule5	schedule4	1t以上は 届出	届出
カナダ（CEPA1999）NDSL有	届出		schedule5[*2]	schedule4	—	1t以上は 届出	
スイス（ChemG／ChemV）	REACH参照					—	—
中国（環境管理弁法）	常規申告4級	常規申告3級	常規申告2級	常規申告1級	簡易申告	科研届出	簡易申告
韓国（改正化評法）[*1]	登録	登録	登録	登録	登録0.1t/y 未満は申告	—	届出
台湾（毒管法／職安法）	標準登録4級	標準登録3級	標準登録2級	標準登録1級	簡易もしくは 少量登録	届出	少量登録
フィリピン（RA6969）	登録（簡易もしくは詳細）				届出	届出	届出

＊1　新規物質に加え既存物質も同様の登録等が求められる（一部差異あり）。
＊2　50t/yまで。

索 引

さ行

【監修者略歴】
北野 大（きたの まさる）

秋草学園短期大学学長、淑徳大学名誉教授
1942 年生まれ。1972 年東京都立大学大学院工学研究科博士課程
修了（工学博士）。(財) 化学物質評価研究機構企画管理部長、1994
年淑徳短期大学食物栄養学科教授、1996 年淑徳大学国際コミュ
ニケーション学部教授、2006 年明治大学大学院理工学研究科教
授、2013 年淑徳大学総合福祉学部教授、2014 年同大学人文学部
教授を経て、2017 年より秋草学園短期大学学長（現職）、淑徳大
学名誉教授。

【著者略歴】
長谷恵美子（はせ えみこ）

花王株式会社　品質保証部門
1982 年生まれ。2008 年京都大学大学院農学研究科修士課程修了
（修士）、2013 年明治大学大学院理工学研究科博士後期課程修了（博
士（工学））。2008 年株式会社住化分析センター化学品事業部、
2014 年経済産業省化学物質管理課国際担当を経て、2017 年より
花王株式会社（現職）。

鈴木康人（すずき やすと）

花王株式会社　品質保証部門　化学物質管理 /SAICM 推進担当部長
1964 年生まれ。1988 年立教大学大学院理学研究科博士課程前期
課程修了（修士）。同年花王株式会社入社。生物科学研究所での研
究開発業務の後、2011 年より品質保証部門で化学品申請関連業務
に従事、2017 年より現職。

〈即戦力への一歩シリーズ　1〉

化学物質管理

2019年8月20日　初版1刷発行
2020年5月28日　初版2刷発行

監修者	北　野　　　　大
著　者	長　谷　恵　美　子
	鈴　木　　康　人
発行者	織　田　島　　修
発行所	化学工業日報社

東京都中央区日本橋浜町3-16-8（〒103-8485）
電話　03（3663）7935（編集）
　　　03（3663）7932（販売）
支社　大阪　**支局**　名古屋　シンガポール　上海　バンコク
ホームページアドレス　https://www.chemicaldaily.co.jp

印刷・製本：ミツバ綜合印刷
DTP：ニシ工芸
カバーデザイン：田原佳子

ISBN978-4-87326-711-1　C3043